MANUEL PRATIQUE

D'ÉCLAIRAGE ÉLECTRIQUE

POUR

INSTALLATIONS PARTICULIÈRES

MAISONS D'HABITATION, USINES
SALLES DE RÉUNION, ETC.

PAR

Em. CAHEN

INGÉNIEUR DES ATELIERS DE CONSTRUCTION DES MANUFACTURES
DE L'ÉTAT

PARIS

LIBRAIRIE POLYTECHNIQUE BAUDRY ET Cie, ÉDITEURS

15, RUE DES SAINTS-PÈRES, 15

Même Maison à Liége, 7, rue des Dominicains

1893

—

★

MANUEL PRATIQUE

D'ÉCLAIRAGE ÉLECTRIQUE

POITIERS. — IMPRIMERIE OUDIN ET Cie.

PRÉFACE

Il y a quelque temps, nous avons eu à établir et à organiser, dans ses plus minimes détails, une installation de lumière électrique comportant l'emploi d'accumulateurs. A l'époque où nous avons quitté les écoles, les installations de cette nature étaient loin d'avoir l'importance qu'elles ont acquise depuis, et la phraséologie électrique actuelle était à peine connue. N'ayant pas eu à nous occuper d'électricité depuis ce moment, il nous a fallu rechercher et condenser toutes les données nécessaires à l'exécution du travail projeté.

Il existe beaucoup de traités concernant l'éclairage électrique ; certains d'entre eux sont très bien faits, par des auteurs d'un grand talent. Nous en avons lu un grand nombre ; mais nous n'avons trouvé aucun ouvrage ayant un caractère exclusivement pratique et contenant tous les détails qu'un électricien est obligé de savoir pour mener à bonne fin une installation

complète. Nous nous sommes adressé à différents
constructeurs pour obtenir des informations complé-
mentaires ; certains nous ont aidé très obligeamment;
d'autres ont paru livrer presque à regret quelques
renseignements dont ils semblaient faire des secrets
de métier ; quelques-uns nous ont communiqué des
chiffres tout à fait discordants. Nous avons eu, par
suite, quelque peine à recueillir tous les éléments
qu'il est indispensable de posséder en pareille matière.

En publiant ces documents, contrôlés par nos
expériences ou modifiés d'après nos constatations per-
sonnelles, nous croyons être utile à nos camarades,
aux nombreux ingénieurs et industriels, qui désirent
se familiariser rapidement avec les conditions d'installation de la lumière électrique, et qui, aujourd'hui,
sont rebutés par le travail assez considérable auquel
on est obligé de se livrer pour se mettre au courant
de l'état actuel de cette application scientifique si importante et si féconde.

Nous n'avons donc pas l'intention de présenter au
public un ouvrage savant, mais, au contraire, un
traité très simple et très pratique, renfermant l'exposé détaillé des règles à suivre et des précautions à
prendre pour exécuter dans de bonnes conditions une
installation de lumière électrique. Nous y avons réduit
les explications théoriques au strict minimum, en n'y
laissant subsister que ce qu'il est absolument nécessaire de connaître pour comprendre les développe-
ments contenus dans la suite du texte. Par contre,

nous nous sommes attaché à détailler autant que possible la partie pratique, où tous ceux qui s'occupent d'éclairage électrique pourront trouver d'utiles renseignements.

Nous avons limité notre cadre à l'étude des installations particulières ; mais, dans cette modeste sphère, ce manuel est assez complet, et renferme une quantité suffisante d'indications pour permettre à toute personne d'entreprendre elle-même une installation d'éclairage électrique dans son usine ou dans son appartement ; si elle veut bien suivre pas à pas la voie que nous lui traçons, en appliquant son attention à ne négliger aucun détail, nous sommes convaincu que son essai sera couronné de succès.

ÉCLAIRAGE ÉLECTRIQUE

PREMIÈRE PARTIE

Définitions et lois générales

1. Analogies avec la chaleur et l'hydraulique. — La distribution de l'énergie électrique peut être comparée, dans la plupart des cas, à une distribution d'eau ou de chaleur ; on peut se faire une première idée assez nette de la signification des termes employés couramment par les électriciens en établissant un parallèle entre les phénomènes électriques, d'une part, et les phénomènes hydrauliques et calorifiques, d'autre part.

2. Force électromotrice ; potentiel. — Si l'on met un réservoir d'eau en communication, au moyen d'un tuyau, avec un autre réservoir situé plus bas que lui, le réservoir supérieur se videra dans le réservoir inférieur par suite de la différence de *pression* qui s'exerce sur chaque molécule de liquide circulant dans la conduite, et il se produit un *courant* d'eau du réservoir supérieur vers le réservoir inférieur.

En mécanique, on appelle *potentiel* (1) une fonction particulière des forces qui agissent sur un corps déterminé ; dans le cas d'un liquide soumis à l'action de la pesanteur seule, cette fonction est proportionnelle à la hauteur de la masse de liquide considéré au-dessus d'un niveau pris comme origine. On peut dire par suite que le mouvement du liquide est dû à une *différence de potentiel* (ou de niveau) qui existe entre deux points de la masse du liquide.

Si l'on met un corps chaud en communication avec un corps froid par une barre bonne conductrice de la chaleur, il passera par l'intermédiaire de la barre une certaine quantité de chaleur du corps le plus chaud sur le corps le plus froid, autrement dit, il se produira au travers de la barre conductrice un *courant* calorifique dû à la *différence de température* des extrémités du barreau.

De même, si l'on considère un *conducteur électrique*, et si, par un moyen quelconque, on fait varier l'état électrique relatif de deux points de ce conducteur, il s'y manifestera un *courant* électrique, et l'on dit que cette différence de l'état électrique des deux points entre lesquels se produit le courant est une différence de *pression électrique*, de *température électrique*, ou de *potentiel électrique*, cette dernière expression étant pour ainsi dire la seule employée dans la pratique.

La cause qui produit le courant a été appelée par Volta la *force électromotrice* ; cette force électromotrice est plus

_____

(1) Une force dont le point d'application suit une trajectoire donnée produit à chaque instant un travail élémentaire correspondant à son déplacement infiniment petit. Lorsque ce travail élémentaire est la différentielle exacte d'une fonction déterminée, cette fonction s'appelle le *potentiel* de la force. Le potentiel V a pour expression :

$$V = \int F \cos (Fds) \, ds.$$

ou moins élevée suivant que les deux points entre lesquels s'établit le courant sont à un potentiel plus ou moins différent ; elle est égale à la *différence de potentiel* électrique entre ces deux points.

3. Source électrique. — Une *source électrique* est un appareil capable de produire une différence de potentiel ou une force électromotrice entre deux points d'un circuit. Les deux points entre lesquels on peut établir un courant au moyen d'un fil conducteur s'appellent les *bornes* de la source, que ce soit une pile, un accumulateur ou une machine électrique quelconque.

4. Courants contious et a'ternatifs. — Certaines sources d'électricité sont construites de telle sorte que, pendant un certain temps, l'une de leurs bornes est à un potentiel plus élevé que celui de l'autre, puis, pendant une autre période, la deuxième borne a son potentiel plus élevé que celui de la première, puis les deux bornes reprennent leur potentiel primitif, et ainsi de suite. Le courant se manifeste par suite dans le conducteur tantôt dans un sens, tantôt dans l'autre ; l'électricité se propageant avec une vitesse très considérable, les changements de sens du courant sont quelquefois très rapides : il peut y avoir des milliers de variations dans une seconde. Les courants ainsi obtenus sont dits *courants alternatifs*. Ceux qui se propagent toujours dans le même sens sont appelés par opposition *courants continus*.

Nous ne nous occcuperons, dans la suite de cet ouvrage, que des courants continus, qui sont à peu près les seuls employés dans les petites installations.

5. Circuit. Sens d'un courant. — On nomme *circuit* une série de conducteurs et d'organes électriques placés bout à bout, de manière à former une ligne ininterrompue entre

les deux bornes d'une source. Quand cette ligne ne présente aucune solution de continuité, c'est-à-dire quand le
commencement de l'un des conducteurs ou organes est
relié électriquement avec la fin du précédent, tout le long
de la ligne, on dit que le circuit est *fermé*. Dans ces conditions, un courant peut s'y manifester sous l'influence
d'une source électrique. Lorsqu'au contraire un circuit
présente une discontinuité, on dit que le circuit est *ouvert*
ou coupé, et un courant ne peut pas s'y produire dans les
circonstances ordinaires.

L'ensemble de plusieurs circuits reliés entre eux s'appelle un *réseau*.

Le *sens* d'un courant continu circulant dans un circuit,
à l'extérieur d'une source, est déterminé par le mouvement
d'un mobile, se déplaçant sur le conducteur, du point où
le potentiel est le plus fort vers celui où le potentiel est le
plus faible. La borne où se manifeste le potentiel le plus
élevé s'appelle la borne positive, et l'autre la borne négative. A l'extérieur de la source, le courant se dirige donc
de la borne positive vers la borne négative.

On admet que l'inverse se produit à l'intérieur de la
source, comme l'indiquent les flèches de la figure 8 ; c'est
ce qui explique l'expression de circuit fermé, car le mobile
revient à son point de départ, après avoir parcouru tout
le circuit, à l'extérieur et à l'intérieur de la source.

6. Quantité, intensité. — Dans un conducteur électrique,
il peut passer une *quantité* d'électricité plus ou moins
grande suivant les conditions d'installation du conducteur
et la différence de potentiel qui existe entre ses extrémités,
de même qu'il passe dans une conduite d'eau une quantité d'eau plus ou moins considérable suivant la section
de la conduite et la différence de pression entre ses points
extrêmes.

La quantité d'électricité qui passe *par seconde* dans un conducteur s'appelle le *débit*, ou plus généralement l'*intensité*, de même que la quantité d'eau fournie par une canalisation dans une seconde s'appelle le débit de la canalisation.

7. Remarque. — Dans une canalisation d'eau, entre deux branchements, la même quantité d'eau passe dans tous les points de la conduite, ainsi que dans les réservoirs,

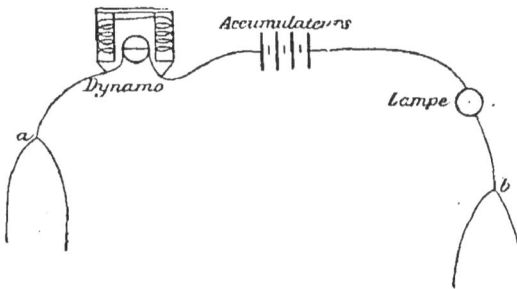

Fig. 1.

les vannes ou autres organes qui peuvent y être intercalés.

De même, la quantité d'électricité qui passe en chaque point dans une portion continue de canalisation est constante, quelle que soit la nature des différentes parties de la conduite. Cette remarque s'applique à des points quelconques d'une portion de canalisation comprise entre deux branchements successifs. Par exemple, si entre deux branchements *a b* (figure 1) il y a divers organes traversés par le courant, la même quantité d'électricité passera à travers toutes les portions du conducteur, la dynamo, les accumulateurs, la lampe, etc.

Il en résulte aussi que la quantité d'électricité qui s'é-

coule par seconde, c'est-à-dire l'*intensité*, est constante
dans tous les points d'une canalisation situés entre deux
branchements successifs.

8. Capacité. — Toujours par analogie avec l'hydraulique,
la *capacité* d'un réservoir électrique (condensateur ou
accumulateur) est la quantité d'électricité qu'il est susceptible d'emmagasiner à un potentiel déterminé.

9. Résistance. — Dans une distribution d'eau, les frottements, qui constituent la *résistance* de la canalisation au
passage du liquide, provoquent une *perte de charge* ou de
pression entre deux points d'un filet liquide circulant dans
un tuyau. De même, le défaut de conductibilité d'un conducteur occasionne une résistance au passage de la chaleur, qui se traduit par une différence de température
entre les extrémités d'une barre conductrice communi-
quant avec une source calorifique.

De même aussi un conducteur électrique oppose une
certaine *résistance* au passage du courant, et occasionne
une *perte de charge* ou de *potentiel* entre deux points de ce
conducteur.

La résistance est en raison inverse de la *conductibilité*
électrique.

10. Unités. — Pour évaluer en nombres la force électromotrice, la quantité, l'intensité, la résistance, etc., il a
fallu adopter des unités. En 1881, un Congrès international
d'électriciens a établi un système d'unités fondamentales
basé sur les actions électriques des courants entre eux,
ainsi que sur les actions électromagnétiques des courants
sur les aimants. Le choix des unités est arbitraire *à priori*,
mais elles peuvent toutes être exprimées en fonction de
trois unités fondamentales, les unités de longueur, de
masse et de temps. Celles qui ont été désignées par le
Congrès dérivent du système métrique.

11. Unité de longueur. — L'unité de *longueur* est le *centimètre*.

12. Unité de masse. — L'unité de *masse* est la *masse du gramme*. On a pris comme unité fondamentale l'unité de masse, de préférence à l'unité de poids, parce que la masse du gramme est invariable, tandis que le gramme — en tant que poids d'un centimètre cube d'eau distillée — varie suivant le point de la surface du globe terrestre où se trouve l'observateur.

13. Unité de temps. — L'unité de *temps* est la *seconde*.

14. Système C. G. S. — Le centimètre, la masse du gramme et la seconde étant choisis comme unités fondamentales, toutes les autres unités en dérivent directement, et leur ensemble s'appelle le *système C. G. S.*

Les unités du système C. G. S. seraient ou trop grandes ou trop petites dans les applications. On les a rendues pratiques en les multipliant ou les divisant par des multiples de 10, et leur choix est tel que ces puissances de 10 s'éliminent dans les équations principales qui relient les quantités dont nous aurons à nous occuper, de sorte que ces équations sont satisfaites quand on y remplace les lettres par des nombres exprimés en unités absolues C. G. S. ou en unités pratiques.

15. Unité de force électromotrice. — L'unité pratique de force électromotrice s'appelle *Volt*. La force électromotrice, se représente dans les formules par la lettre E.

16. Unité de quantité. — L'unité de quantité est le *Coulomb*.

17. Unité d'intensité ou de débit. — L'unité d'intensité est l'*Ampère*. L'intensité se représente dans les formules par la lettre I.

18. 1ʳᵉ Remarque. — Il ne faut pas confondre les unités de quantité et d'intensité. L'intensité, comme nous venons de le voir, est la quantité d'électricité qui passe par seconde dans un conducteur. Le langage de l'hydraulique est moins net dans ce sens que le langage électrique, car l'unité de quantité d'eau est le mètre cube, et l'unité de débit est aussi le mètre cube par seconde. Un même nom est ainsi appliqué à deux unités différentes, tandis qu'en électricité, on les désigne sous deux appellations distinctes.

19. 2ᵐᵉ Remarque. — Dans la pratique, on emploie aussi une autre unité de quantité, appelée l'*ampère-heure.* C'est la quantité d'électricité qui a passé pendant une heure dans un circuit traversé par un courant ayant une intensité de 1 ampère. Comme il y a 3.600 secondes dans une heure, 1 ampère-heure vaut 3.600 coulombs.

20. Unité de résistance. — L'unité de résistance se nomme l'*Ohm.*

21. Relations entre les divers éléments d'un circuit. — Dans un circuit électrique, il existe certaines relations entre la force électromotrice, l'intensité et la résistance des différentes parties qui le composent. Ces relations sont exprimées par deux lois, la loi d'Ohm et la loi de Kirchhoff, qui permettent de calculer, dans un réseau de conducteurs, l'une de ces variables connaissant les autres.

22. Loi d'Ohm. — Dans un circuit fermé, la somme algébrique des forces électromotrices est égale à la somme des produits de l'intensité par la résistance de chaque fraction du circuit.

La loi d'Ohm s'exprime par la formule :

$$\Sigma E = \Sigma IR.$$

23. Loi de Kirchhoff. — Au point de croisement de plusieurs conducteurs, la somme algébrique des intensités des courants qui y aboutissent est nulle.

La loi de Kirchhoff s'exprime par la formule :

$$\Sigma \, I = 0.$$

24. 1ʳᵉ Remarque. — Lorsqu'on applique la loi d'Ohm, on doit compter comme positives les forces électromotrices qui produisent une augmentation de potentiel, et comme négatives celles qui produisent une diminution de potentiel.

On doit compter comme positive l'intensité des courants qui parcourent la ligne dans un certain sens, et comme négative l'intensité des courants qui y circulent en sens inverse.

25. 2ᵐᵉ Remarque. — Dans le terme $\Sigma \, I \, R$, il faut tenir compte de la résistance intérieure des sources d'électricité, aussi bien que de la résistance des différents tronçons de la ligne.

26. 3ᵐᵉ Remarque. — En appliquant la loi de Kirchhoff, on doit compter comme positive l'intensité des courants qui se rapprochent du point de croisement des conducteurs, et comme négative l'intensité des courants qui s'en éloignent.

27. 4ᵐᵒ Remarque. — L'intensité dans une même conduite entre deux croisements est constante (n° 7).

28. 5ᵐᵉ Remarque. — La loi d'Ohm $E = \Sigma \, I \, R$ s'applique également entre les extrémités d'un circuit ouvert, à condition de prendre pour E la différence de potentiel qui existe entre les deux extrémités du conducteur ; bien entendu, s'il y a une source d'électricité dans le circuit, il faut en tenir compte.

La loi d'Ohm a une très grande importance dans la

1*

pratique; elle reçoit de nombreuses applications dans les
calculs relatifs aux installations électriques; il est indispensable de la connaître parfaitement et d'en bien comprendre la portée.

Elle montre qu'au moyen d'une source électrique quelconque, on peut à volonté obtenir une infinité de courants
dont l'intensité peut prendre toutes les valeurs comprises
entre zéro et une limite maxima variable dans chaque cas
particulier.

Prenons, par exemple, une source ayant une force électromotrice de 2 volts et une résistance intérieure de 0,002
ohm, un accumulateur de 40 kilog., par exemple (nº 86).
En réunissant ses bornes par une grosse barre de cuivre
ayant une résistance négligeable, le courant résultant aura
une intensité donnée par la loi d'Ohm $E = IR$, d'où

$$I = \frac{E}{R} = \frac{2}{0,002} = 1.000 \text{ ampères.}$$

Le courant maximum pouvant être obtenu au moyen de
la source a une intensité de 1.000 ampères ; mais cette
source est susceptible de produire un courant d'une
intensité quelconque comprise entre 0 et 1 000 ampères. Il suffit pour cela de remplacer la barre de cuivre
dont nous venons de parler par un fil ayant une résistance égale au quotient de la division de 2 par la valeur en
ampères de l'intensité qu'on veut obtenir.

On voit donc qu'une source très faible peut donner
naissance à un courant très énergique. Réciproquement,
on peut engendrer au moyen d'une source très forte un
courant d'intensité très faible, à condition d'intercaler
dans le circuit extérieur une résistance suffisante.

La loi d'Ohm montre encore que dans une portion de
circuit ne comprenant pas de source électrique, le régime
de son état électrique peut, à volonté, être réglé complè-

tement par l'intensité seule ou par la force électromotrice
seule. Prenons, par exemple, une lampe à incandescence
ayant une résistance de 100 ohms. Si elle est traversée par
un courant de 2 ampères, la différence de potentiel aux
bornes de la lampe sera donnée par la formule

$$E = I R = 2. \times 100 = 200 \text{ volts,}$$

d'après le premier alinéa de ce paragraphe. Quelles que

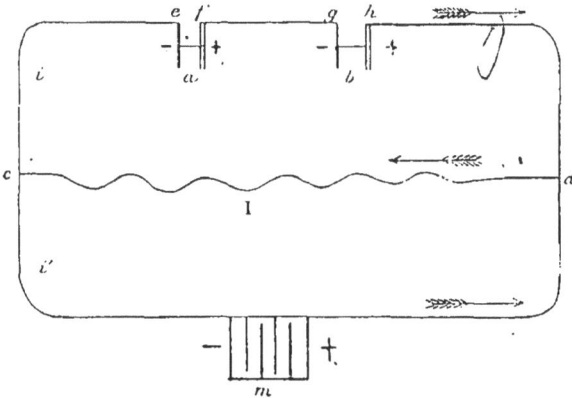

Fig. 2.

soient la puissance de la source et les autres conditions de
la canalisation, la différence de potentiel aux bornes du
foyer sera toujours de 200 volts si l'on maintient l'intensité du courant à 2 ampères, et réciproquement l'intensité
du courant sera de 2 ampères, si on le règle de telle sorte
que les instruments de mesure indiquent une différence de
potentiel de 200 volts aux bornes de la lampe.

Cette relation intime entre la force électromotrice et
l'intensité d'un courant explique une foule de faits ayant
des conséquences pratiques très importantes ; nous aurons
fréquemment occasion d'en constater des applications.

L'exemple du numéro suivant montre la manière de calculer l'intensité des courants circulant dans un réseau de fils conducteurs.

29. Exemple de calcul. — Un conducteur *m c e f g h d* part du pôle positif *f* d'une pile Bunsen, passe au pôle négatif *g* d'une deuxième pile Bunsen semblable à la première. Le fil repart du pôle positif *h* de cette deuxième pile et arrive au pôle positif d'un accumulateur *m*. Il repart du pôle négatif de l'accumulateur pour revenir au pôle négatif de la première pile. En outre, un deuxième conducteur relie deux points *c d* du premier, comme cela est indiqué sur la figure 2.

La force électromotrice de chaque pile est de 1,8 volt. Celle de l'accumulateur est de 2,1 volts. Les résistances sont les suivantes :

Tronçon *f g*	0,1	ohm
Tronçon *h d*	0,2	ohm
Tronçon *d m*	0,3	ohm
Tronçon *m c*	0,45	ohm
Tronçon *c e*	0,5	ohm
Conducteur *c d*	1	ohm
Résistance intérieure de chaque pile. . .	0,1	ohm
Résistance intérieure de l'accumulateur.	0,05	Ohm

On demande quelles seront les intensités dans chaque partie du réseau.

D'après la 4ᵐᵉ remarque (nᵒ 27), il y aura dans le réseau trois intensités différentes. Appelons

i, l'intensité du courant qui traverse la portion *c e f g h d*, y compris les piles (nᵒ 6),

i', l'intensité du courant qui traverse la portion *c m d*, y compris l'accumulateur,

I, l'intensité du courant qui traverse le conducteur *c d*.

Faisons une hypothèse sur le sens du passage du courant dans les conducteurs, de manière à fixer le signe des intensités. Si nous nous sommes trompés dans le sens de l'un des courants, nous en serons avertis par le calcul, qui conduira à donner à l'intensité correspondante un signe contraire à celui que nous lui attribuons.

En considérant le circuit $c\,e\,f\,g\ h\,d\,c$, la loi d'Ohm (n° 22) donne :

$$1,8 + 1,8 = (0,1+0,2+0,5)\times i + (0,1+0,1)\times i + 1 \times I$$

force électromo-   résistances des tronçons   résistances   résistance
trice des piles. fg hd ce intérieures des piles du conducteur cd

ou

$$(1)\quad 3,6 = i + I.$$

En considérant le circuit $c\,e\,fg\,h\,dm\,c$, la loi d'Ohm donne :

$$1,8+1,8 \quad - 2,1 \quad = (0,1 + 0,2+0,5)i + (0,1+0,1)i$$

forces électromo- orce électromotrice   résistances des tronçons   résistances intérieures
trices des piles. de l'accumulateur. fg hd ce des piles.

$$- (0,3 +0,45)i' \quad - 0,03\,i'$$

résistances des tronçons   résistance intérieure
dm · mc de l'accumulateur

ou

$$(2)\quad 1,5 = i - 0,8\,i'$$

En considérant le croisement d, la loi de Kirchhoff (n° 23) donne :

$$(3)\quad I - i - i' = 0$$

Les équations (1) (2) et (3) résolvent la question. On en tire :

$$i = \frac{219}{130}\ \text{ampère}\quad i' = \frac{30}{130}\ \text{ampère}\quad I = \frac{249}{130}\ \text{ampère}$$

La solution de ce problème est très importante. C'est la base du calcul d'une canalisation de lumière électrique.

30. Résistance totale d'un conducteur. — La résistance d'un conducteur est donnée par la formule :

$$R = \frac{\alpha l}{s} 10^{-6},$$

R étant la résistance totale du conducteur en ohms.

α un coefficient variable pour chaque corps, appelé la *résistance spécifique* du corps,

l la longueur en centimètres,

s la section en centimètres carrés.

Les valeurs du coefficient α sont les suivantes, à la température de 0° centigrade, pour les métaux et les corps conducteurs les plus employés dans les applications électriques.

Argent recuit	1,492
Cuivre pur recuit	1,584
Platine recuit	8 981
Fer recuit	9,636
Ferro-nickel recuit	78,300
Maillechort	20,760
Charbons des lampes à arc	4.800 à 8 000

La résistance spécifique des conducteurs varie avec la température. Pour les métaux elle augmente, pour le charbon elle diminue lorsque la température augmente ; mais cette augmentation ou diminution n'est sensible que pour une variation notable de température, par exemple pour les lampes à incandescence dans lesquelles le fil de charbon est porté à la chaleur du rouge.

31. Travail produit par un courant. — Une quantité d'énergie électrique, dépensée sous forme de courant, produit une certaine quantité de *travail mécanique*, chimique, calorifique ou lumineux. De même un travail mécanique déterminé est susceptible de produire un courant électrique. Entre le travail mécanique dépensé ou développé, et le courant produit ou utilisé, il existe la relation fondamentale suivante :

$$T = \frac{EI}{g} \text{ ou } N = \frac{EI}{75\,g},$$

dans laquelle les lettres représentent les quantités indiquées ci-après :

T   le travail en kilogrammètres par seconde.
N   le nombre de chevaux-vapeur par seconde.
E   la force électromotrice du courant en volts.
I   l'intensité en ampères.
g   l'accélération de la pesanteur = 9,808 à Paris.

Par exemple, un courant de 70 volts et 15 ampères, actionnant une dynamo réceptrice, serait susceptible de fournir un travail de $\frac{70 \times 15}{9,808} = 106$ kilogrammètres par seconde, ou $\frac{106}{75} = 1,4$ cheval-vapeur, en admettant un rendement de 100 0|0 pour l'appareil.

Comme on le voit, le produit E I est proportionnel au *travail* susceptible d'être fourni par un courant dans une seconde, ou à la *puissance* du courant. On a été conduit, pour exprimer la puissance d'un courant, à créer une nouvelle unité.

32. Unité de puissance. — D'après ce qui vient d'être dit, l'unité de puissance est le produit d'un volt par un ampère. On l'appelle *watt* ou quelquefois *volt-ampère*. Un courant de E volts et I ampères a une puissance de EI watts, ce qui peut s'exprimer par la formule :

$$W = E\,I.$$

33. Unité d'énergie totale. — On emploie encore une autre unité, lorsqu'il s'agit d'exprimer l'énergie totale

absorbée ou dépensée pendant un temps donné. Elle correspond à celle qui est souvent désignée dans les applications mécaniques sous le nom de cheval-heure. C'est le
watt-heure, c'est-à-dire la quantité totale d'énergie développée par un courant ayant une puissance de 1 watt et
passant pendant une heure dans un circuit.

34. Multiples et sous-multiples des unités. — Les unités
que nous avons indiquées sont souvent trop grandes ou
trop petites dans les applications pratiques. On emploie
alors leurs multiples ou sous-multiples décimaux, qu'on
désigne, comme dans le système métrique, en faisant précéder
céder le nom des unités fondamentales de l'un des préfixes
suivants :

Déca pour exprimer l'unité multipliée par		10	
Hecto	id.	100	ou 10^2
Kilo	id.	1.000	ou 10^3
Myria	id.	10.000	ou 10^4
Méga	id.	1.000.000	ou 10^6
Déci	id.	$\frac{1}{10}$	ou 10^{-1}
Centi	id.	$\frac{1}{100}$	ou 10^{-2}
Milli	id.	$\frac{1}{1,000}$	ou 10^{-3}
Micro	id.	$\frac{1}{1.000\,000}$	ou 10^{-6}

Ainsi on dit un milliampère (un millième d'ampère), un
hectowatt (cent watts), un kilowatt-heure (mille-watts-
heure), un microhm (un millionnième d'ohm), un mégohm
(un million d'ohms), etc.

35. Piles. — Les piles électriques ne sont pas employées
pour l'éclairage, sauf dans quelques cas insignifiants ;
aussi ne nous y arrêterons-nous pas ; tous les traités d'é-
lectricité et les catalogues des constructeurs donnent d'ailleurs les renseignements utiles sur leur force électromotrice
et leur résistance intérieure.

La force électromotrice d'une pile, comme celle qui est
due à toute action chimique, prend naissance au point où
se produit cette réaction. Ainsi, dans une pile Bunsen,
elle se développe à la surface du zinc qui est attaquée par
l'acide sulfurique. Elle dépend uniquement de la nature
même de la réaction chimique et n'a aucun rapport avec
les dimensions ou le poids des matières mises en jeu. Toutes
les piles de même composition auront donc la même force
électromotrice, quel que soit leur module.

Au contraire, la quantité d'électricité qui est susceptible d'être fournie par un élément dépend seulement des
dimensions de cet élément, de sorte qu'une pile volumi-
neuse pourra fournir un courant d'une intensité plus
grande qu'une petite pile. Cela tient à ce que la résistance
intérieure d'un élément varie généralement en sens inverse
des surfaces chimiques actives qui le composent, et à ce
que la fatigue d'une électrode, pour un même courant
total, est d'autant plus faible que sa surface est plus grande.

Si l'on veut assimiler ces phénomènes à ceux que présente la chaleur, on peut remarquer, par exemple, qu'un
corps fond toujours à la même température, quels que
soient son poids et les circonstances extérieures. Par
contre, il faudra une quantité de chaleur plus grande, ou
un nombre de calories plus élevé pour fondre 1 kilogramme que pour fondre 1 gramme d'une même matière,
bien que le point de fusion soit constant. Dans les deux
cas, on constate la constance de la *température* calorifique
ou électrique, et la variation de la *quantité* avec la masse
des matières mises en action.

La seule question que nous traiterons au sujet des
piles est l'examen de leurs modes d'association, car la
manière d'opérer et les résultats obtenus sont identiques
à ceux que l'on observe dans la réunion de plusieurs
sources d'électricité quelconques.

36. Association de sources d'électricité. — L'association
de plusieurs sources d'électricité peut se faire comme
celle de réservoirs d'eau.

Supposons deux réservoirs fermés et étanches. Mettons
l'un d'eux immédiatement au-dessus de l'autre et réunissons-les par un tuyau. Si l'on place au bas du réservoir
inférieur une conduite d'eau, le liquide s'écoulera en
vertu de la somme des pressions exercées par l'eau à la
partie inférieure de chaque réservoir pris isolément.

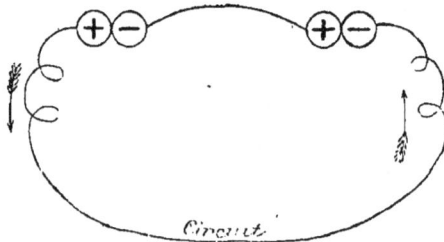

Fig. 3.

Mettons au contraire les réservoirs l'un à côté de l'autre,
au même niveau, et réunissons-les par la base. La pression
de l'eau à la partie inférieure de chaque réservoir sera la
même que s'il était isolé, mais tout se passera comme si,
au lieu de deux réservoirs, on en avait un seul d'une surface double, contenant une quantité d'eau double.

Le premier mode de réunion s'appelle association en
pression ou en *tension* ; le second, association en *surface*
ou en *quantité*.

Il en est de même dans le cas de deux sources électriques.
Pour réunir ces deux sources, on peut faire communiquer
la borne positive de l'une avec la borne négative de l'autre,
et relier les bornes extrêmes par un conducteur (fig. 3) :
on obtiendra un courant résultant ayant une pression ou

force électromotrice double de la force électromotrice obtenue avec une seule source (si les deux sources sont égales). On réalisera ainsi ce qu'on appelle l'association en *tension* ou en *série* ; c'est ce qu'exprimait le premier membre de la première équation de l'exemple précédent (n° 29) par l'application de la loi d'Ohm.

Si, au contraire, on fait communiquer ensemble les bornes positives d'une part et les bornes négatives de l'autre, en reliant les deux pôles extrêmes par un fil (fig. 4), la force électromotrice du courant résultant ne sera pas plus élevée qu'au cas où il serait produit par une seule source ; mais un calcul analogue à celui du n° 29 prouverait qu'en conservant les mêmes résistances dans les lignes, la quantité d'électricité débitée dans les conducteurs, ou l'intensité, est double de celle qui passe lorsqu'il n'y a

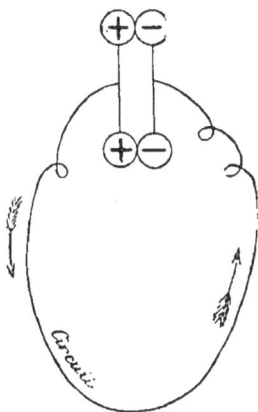

Fig. 4.

qu'une source. C'est ce qu'on appelle le groupement en *quantité* ou en *dérivation*.

37. Dérivation, shunt. — On appelle *dérivation* tout circuit secondaire partant de deux points d'un conducteur principal, et susceptible de former un circuit fermé sur la source d'électricité, en empruntant une portion du circuit principal. Exemple le fil *c d* (fig. 2) formant le circuit fermé *c e f g h d c* est une dérivation. On l'appelle aussi quelquefois *shunt*.

DEUXIÈME PARTIE

Machines dynamo-électriques.

---

38. Description sommaire. — Les appareils producteurs d'é-
lectricité sont le plus généralement des *machines dynamo-*
électriques ou *dynamos*.

Les machines produisent, suivant leur mode de construction, des courants continus ou des courants alternatifs.
Nous ne nous occuperons que des machines à *courants*
continus, celles-ci étant presque toujours employées aujour-
d'hui dans les petites installations.

En principe, une *dynamo* se compose de deux électro-
aimants voisins placés de telle sorte qu'ils présentent deux
de leurs pôles de noms contraires en face l'un de l'autre.
Entre ces deux pôles tourne un anneau formé d'une série
de petites bobines d'induction disposées en cercle. Le fil
des électro-aimants (généralement appelés *électros*) se
nomme l'*inducteur*. L'ensemble des bobines d'induction
s'appelle l'*induit* ou l'*armature*.

Par suite de sa rotation entre les pôles E des électros
(fig. 5), l'armature A est traversée par des courants qui
circulent dans un sens déterminé par les lois de l'induction. Les extrémités des fils des bobines de l'armature sont
reliées à une série de lames de cuivre isolées et dispo-

sées les unes à côté des autres de manière à former par
leur réunion un cylindre calé sur l'arbre de rotation de la
dynamo. Ce cylindre C, par l'intermédiaire duquel on
recueille tous les courants qui se développent dans l'armature, se nomme le *collecteur*. Il se produit sur le collecteur deux pôles fixes dans l'espace aux extrémités d'un

même diamètre, et en
reliant ces points par
un fil, on obtient le
courant de force élec-
tromotrice maxima que
peut produire la dyna-
mo. Pratiquement, on
applique sur chaque
pôle du collecteur, au
lieu d'un fil, un faisceau
de fils appelé *balai*.
Les balais B sont reliés
par des petits conduc-
teurs souples aux *bor-
nes* de la dynamo. De
ces deux bornes par-

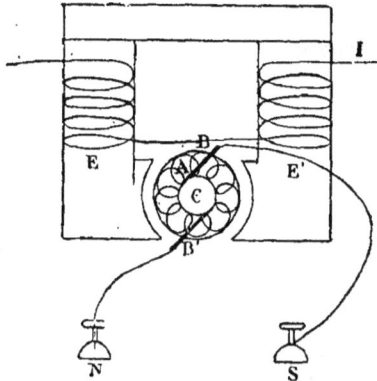

Fig. 5.
A armature ou induit. — BB' balais. — C collecteur. — EE' électros. — NS bornes.

tent le fil positif et le fil négatif de la canalisation que
l'on veut établir.

On a adopté pour les dynamos beaucoup d'autres dispositions, mais le principe de leur fonctionnement reste le même.

39. Dynamos à anneau et à tambour. — Dans certaines dynamos, l'induit est formé par un cylindre creux ou tore
composé de fils ou de lames de fer doux, autour duquel
est enroulé le fil de cuivre où se manifeste le courant trans-
mis par le collecteur et les balais aux bornes de la
machine. Les armatures présentant cette disposition sont
appelées *induits en anneau* (fig. 6).

Dans d'autres cas, au contraire, l'induit se présente sous la forme d'un cylindre plein composé de lames de fer doux, et le fil de cuivre est enroulé sur toute la surface extérieure du cylindre. Les armatures ainsi construites sont appelées *induits en tambour* (fig. 7).

40. Dynamos multipolaires. — La plupart des petites dynamos à courant continu sont composées, comme nous venons de le dire, de deux électro-aimants et d'une armature qui tourne entre leurs pôles de noms contraires. Dans

d'autres machines, plusieurs électro-aimants (toujours en nombre pair) sont disposés en cercle autour de l'armature, et l'induit tourne au centre de la couronne ainsi for-

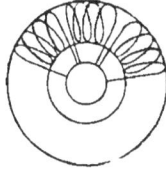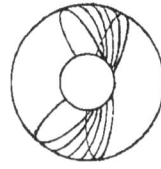

Fig. 6.　　　　　Fig. 7.

mée. Ces dynamos sont dites *multipolaires*.

On a même construit des dynamos à un seul pôle ; elles sont appelées *unipolaires*.

Les dynamos ordinaires sont *bipolaires*.

Les propriétés des dynamos sont identiques, quel que soit leur mode de construction, que leur induit soit en anneau ou en tambour, qu'elles soient bipolaires ou multipolaires. Aussi, nous ne nous étendrons pas sur cette question, et nous renverrons, pour l'examen des détails de construction des différents systèmes de machines, aux nombreux traités où elles sont décrites minutieusement, car cette étude sortirait de notre cadre.

41. Machines magnéto-électriques. — A l'origine, Gramme, l'inventeur des machines dynamo-électriques, avait construit ses appareils en se servant d'aimants permanents au lieu d'électro-aimants pour produire l'induction dans le

fil de l'armature. Ces machines, appelées *magnéto-électriques*, sont à peu près abandonnées aujourd'hui pour l'é-
clairage.

42. Excitation d'une dynamo. — Nous avons vu que le courant d'induction prend naissance dans l'armature par suite
de la rotation de cet
organe entre les pôles
des électros. Pour que
ces pôles des électros
puissent se produire, il
faut que les bobines de
fil qui les entourent
soient traversées par un
courant ; on dit alors
que la machine est *exci-
tée*, et la façon dont on
produit le courant de
l'inducteur s'appelle le
mode d'*excitation* de la
dynamo.

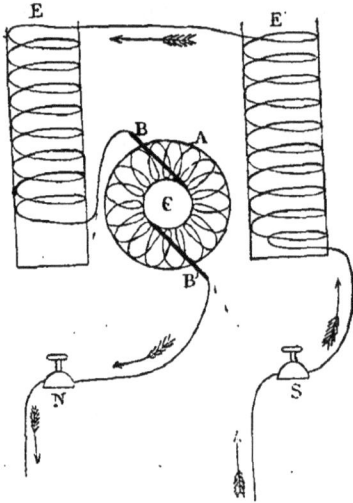

Fig. 8.
A armature. — BB' balais. — C collecteur. —
EE' électros. — NS bornes.

**43 Machines à excita-
trice séparée.** — Dans les
installations très impor-
tantes, on emploie, pour
exciter les électros, une dynamo spéciale appelée *excitatrice*. On peut de cette façon régler l'excitation et par suite
la puissance de la machine, comme nous le verrons plus
loin, avec une grande précision. On dit, dans ce cas, que
la dynamo est une machine à *excitatrice séparée*.

44. Machines excitées en série. — On peut aussi obtenir
l'excitation d'une dynamo en intercalant directement les
électros dans le circuit général du courant. C'est alors le
courant lui-même qui produit les pôles des électros, d'où

l'induction de l'armature. La figure 8 indique la disposition schématique des machines ainsi construites, appelées dynamos *excitées en série*. Le courant part de la borne N,
revient à la borne S par le circuit, passe ensuite dans
les électros E' et E, puis par le balai B, entre dans le collecteur C, traverse l'armature A, sort du collecteur par le
balai B', et le circuit
se ferme à la borne N.

**45. Machines exci-
tées en dérivation.** —
Au lieu de faire pas-
ser tout le courant de
la dynamo dans les
électros, on peut n'en
laisser arriver qu'une
partie. Pour cela, au
lieu de former les
bobines des électros
par le prolongement
du fil dans lequel
passe le courant de
la dynamo , comme
dans le cas précé-
dent, on les construit

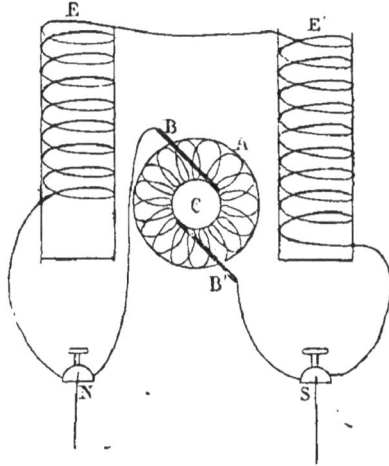

Fig. 9.
A armature. — BB' balais. — C collecteur. —
EE' électros. — NS bornes.

au moyen d'un fil auxiliaire branché en *dérivation* sur le
conducteur principal (n° 37). Cette dérivation s'appelle
souvent le *shunt* de la dynamo. La figure 9 indique le
schéma de la disposition d'une dynamo *excitée en dérivation*. Le courant principal part de la borne N, revient
à la borne S, passe par le balai B', traverse le collecteur C et l'armature A, sort par le balai B, et le circuit
se ferme à la borne N. — Le circuit secondaire, formant
le shunt ou la dérivation, part de la borne N, traverse

les électros E et E', revient à la borne S, et passe par le
conducteur général pour se fermer sur la borne N.

46 Machines Compound. — Les dynamos excitées en série
et en dérivation ont des propriétés différentes, que nous
étudierons plus loin ;
on a imaginé de cons-
truire des machines
excitées à la fois en
série et en dériva-
tion ; on les appelle
machines *compound* ;
la figure 10 en indi-
que la disposition
schématique.

Le courant princi-
pal part de la borne
N, revient à la bor-
ne S, passe dans les
électros, puis arrive
au balai B, traverse
l'armature A, sort du
collecteur C par le
balai B et se ferme

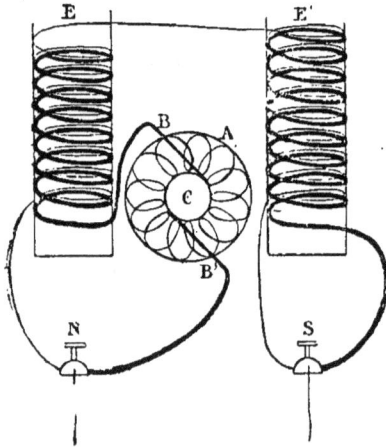

Fig. 10.

A armature. — BB' balais. — C collecteur. —
EE' électros. — NB'CBEE'S gros fil. — NE E'S
fil fin.

sur la borne N. Le deuxième circuit, formant la dérivation
ou le shunt, part de la borne N, passe dans les électros,
et revient à la borne S.

Le fil de l'excitation en série est un *gros fil* ; le fil de
l'excitation en dérivation est un *fil fin*.

47. Autres modes d'excitation. — Il y a encore d'autres
modes mixtes d'excitation, mais ils sont peu employés dans
les petites installations ; nous ne les examinerons pas.

48. Fonctionnement des dynamos. — Quel que soit le mode

d'excitation, le principe du fonctionnement des dynamos à courant continu est toujours le même : le courant de série ou de dérivation passant dans les électros produit à leur extrémité deux pôles magnétiques de noms contraires. Par suite de la rotation de l'armature entre ces deux pôles, il s'y développe par induction le courant qui circule dans le fil induit, et de là dans le circuit général.

On conçoit très facilement la continuité de ces phénomènes pendant le fonctionnement normal de la machine, les inducteurs agissant d'une façon permanente sur l'induit, et celui-ci réagissant sur les électros grâce au courant de dérivation ou au courant principal lui-même (dans les dynamos excitées en série). Mais il n'en est pas de même au moment de la mise en marche, lorsqu'il n'existe encore dans le circuit aucun courant susceptible d'aimanter les électros.

Voici alors ce qui se produit : les noyaux des électros sont généralement en acier, quelquefois en fonte, et jamais en fer doux. Dans les conditions habituelles, il reste toujours dans leur masse, en vertu de la *force coercitive,* un peu d'aimantation. On dit alors que la machine est *amorcée.* Cette aimantation *rémanente* suffit à produire dans l'induit un faible courant d'induction ; le courant, recueilli dans le circuit, agit à son tour sur les électros qu'il aimante davantage ; ceux-ci réagissent plus vigoureusement sur l'induit, et ainsi de suite jusqu'au moment où l'équilibre est établi et où la force électromotrice atteint sa valeur habituelle. En pratique, il suffit, pour arriver à ce résultat, de quelques instants, au bout desquels la dynamo fonctionne à son allure normale.

49. Influence de la vitesse de rotation de la dynamo et de l'intensité du courant des électros sur la force électromotrice. — Lorsque le nombre de tours d'une dynamo augmente,

toutes choses égales d'ailleurs, la force électromotrice
développée augmente aussi.

Lorsque l'intensité du courant qui traverse les électros
augmente, la force électromotrice de la dynamo augmente
également.

Ces deux augmentations sont à peu près proportion-
nelles aux causes qui les ont fait naître, au moins pour des
limites peu étendues en deçà et au delà des constantes
ordinaires de la machine.

50. Propriétés des différentes machines. — Une dynamo est
susceptible de fournir des courants de force électromotrice
et d'intensité très variables pour une vitesse donnée. La
force électromotrice et l'intensité maxima pour lesquelles
une dynamo est construite sont appelées les *constantes* de
la dynamo. Ainsi un constructeur indiquera sur ses tarifs
qu'une certaine dynamo, à la vitesse de 1.800 tours, est
capable de fournir un courant de 70 volts et 14 ampères.
Ce sont les limites maxima pour lesquelles la machine est
établie.

Pour une vitesse déterminée d'une dynamo, la force
électromotrice (mesurée aux bornes de la machine) et l'intensité varient d'après la résistance du circuit extérieur.
Si l'on trace une courbe dans laquelle les abscisses représentent l'intensité et les ordonnées représentent la force
électromotrice, on peut se rendre compte du régime de
marche de la machine. Cette courbe s'appelle la *caractéristique* de la dynamo.

La force électromotrice, l'intensité, et la résistance totale
(c'est-à-dire la résistance du circuit plus une constante
qui représente la résistance intérieure apparente de la machine) sont d'ailleurs liées entre elles par la loi d'Ohm (n° 22)

$$E = I R.$$

Il en résulte que la résistance $R = \dfrac{E}{I}$ est représentée sur la caractéristique par la tangente trigonométrique de l'angle formé par l'axe des x et la droite qui joint l'origine au point de la courbe considéré (fig. 11).

51. Machines excitées en série. — Les machines excitées en série ont une caractéristique analogue à celle de la figure 11.

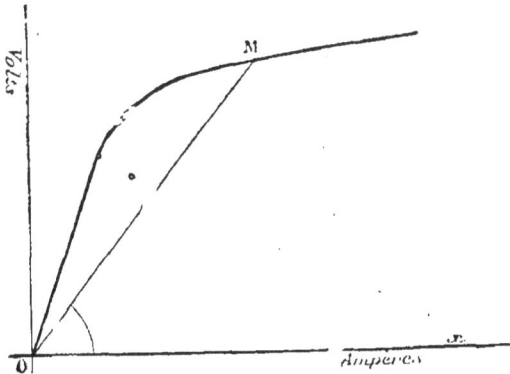

Fig. 11.

Lorsque la résistance extérieure est très grande, l'intensité est très faible, ainsi que la force électromotrice. Lorsque la résistance intérieure diminue, l'intensité augmente et la force électromotrice aussi ; la force électromotrice augmente d'abord plus vite que l'intensité, puis c'est l'inverse au bout d'un certain temps.

D'après cela, on voit qu'il est impossible d'alimenter au moyen d'une dynamo excitée en série un éclairage comprenant un certain nombre de lampes disposées en dérivation, comme on a l'habitude de le faire dans les petites installations (fig. 12) ; si, en effet, le régime étant une fois établi pour un certain nombre de lampes, on en allume

1***

une nouvelle, la résistance extérieure diminue (puisqu'on offre un débouché plus grand au courant) ; par suite, l'intensité et la force électromotrice augmentent, d'après ce que nous venons de voir ; ces conditions sont inadmissibles, car il est nécessaire de maintenir une différence de

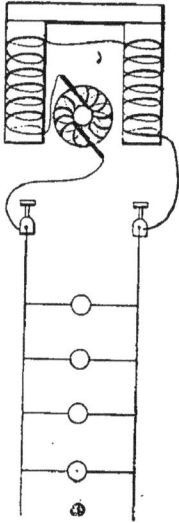

Fig. 12.

potentiel constante aux bornes des lampes, comme nous le verrons plus loin (n° 128). Si l'on tient à cette disposition, on peut absorber l'augmentation de force électromotrice par une résistance complémentaire intercalée dans le circuit ; mais cette résistance détruit en pure perte une partie du travail produit par la machine, laquelle est par suite mal utilisée.

Si, au contraire, on dispose les lampes en série comme l'indique la figure 13, l'intensité du courant qui circule dans la canalisation doit être constante (n° 6). La dynamo doit être construite de telle sorte qu'à cette intensité corresponde la force électromotrice maxima nécessaire à l'alimentation de toutes les lampes réunies.

Si l'on éteint une lampe, il faut alors la remplacer par une résistance correspondante, absorbant une force électromotrice égale à celle du foyer supprimé. Il en résulte encore une perte de travail, comme dans le cas que nous avons examiné précédemment.

Les machines excitées en série ne conviennent donc que pour une installation comprenant un nombre fixe de lampes, toutes allumées à la fois. C'est une condition qui se présente assez rarement dans la pratique, surtout pour l'éclairage à incandescence.

Elles ont encore un autre inconvénient, celui de se désamorcer facilement dans certaines circonstances, comme
nous le verrons en étudiant les machines compound
(n° 54). Elles sont en général peu employées en France
dans les installations ordinaires.

52. Machines excitées en dérivation. — Les machines excitées en dérivation ont une caractéristi-
que analogue à celle de la figure 14.

Lorsque la résistance extérieure diminue, l'intensité du courant augmente et
la force électromotrice diminue.

Si une pareille dynamo alimente un
éclairage comprenant un certain nombre
de lampes disposées en dérivation, lorsqu'on allume une nouvelle lampe , la
résistance extérieure diminue, l'intensité
augmente, mais la force électromotrice
s'abaisse. Il semble donc au premier
abord que ce genre de machines ne convient pas à l'éclairage direct. Cependant,
on voit par la forme de la courbe que la
force électromotrice diminue très peu à
partir d'une certaine résistance. On s'arrange en général pour que cette partie de
la courbe presque horizontale soit seule
utilisée dans les limites de l'installation.

Fig. 13.

De plus, il existe un procédé qui permet de régler exactement à la valeur voulue la force électromotrice des
machines excitées en dérivation, quelles que soient la
résistance extérieure et l'intensité du courant : on intercale dans le shunt de la dynamo un rhéostat, appelé
rhéostat d'excitation, permettant d'augmenter ou de diminuer la résistance de ce shunt. Supposons que la dynamo

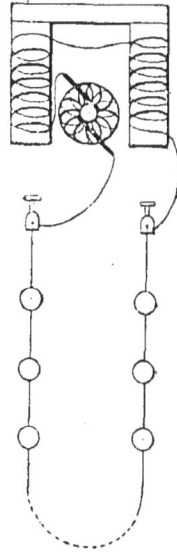

produise une force électromotrice de 70 volts, et que la résistance du shunt soit de 100 ohms. L'intensité du courant qui passe dans la dérivation, d'après la loi d'Ohm (n° 22), sera

$$I = \frac{E}{R} = \frac{70}{100} = 0,70 \text{ ampère.}$$

Intercalons dans le shunt une résistance de 20 ohms. L'intensité du courant de dérivation ne sera plus que de

$$\frac{70}{120} = 0,58 \text{ ampère.}$$

Il en résulte que la force électromotrice de la dynamo di-

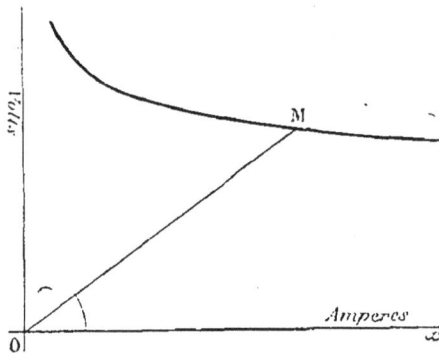

Fig. 14.

minuera sensiblement dans les mêmes proportions, comme nous l'avons vu au n° 49.

On peut, de cette façon, grâce au rhéostat d'excitation, en augmentant la résistance de la dérivation lorsque la résistance extérieure s'élève, rendre constante la force électromotrice de la machine, puisque l'augmentation de résistance extérieure tend à élever la force électromotrice et que l'augmentation de résistance de la dérivation tend à l'abaisser.

Cette manœuvre permet d'obtenir un éclairage bien régulier, même au cas où l'on éteint presque toutes les lampes de la canalisation, et où la force électromotrice atteindrait, sans cet artifice, une valeur très élevée, comme l'indique la figure 14.

53. Machines compound. — Les machines compound ont pour caractéristique une ligne sensiblement droite et à peu près horizontale ; l'enroulement en dérivation tend en effet à augmenter la force électromotrice avec la résistance extérieure ; l'enroulement en série tend au contraire à la diminuer. Le constructeur calcule l'importance de ces deux enroulements de manière à avoir la même force électromotrice pour le courant d'intensité minima et pour le courant d'intensité maxima que doit fournir la dynamo. Entre ces deux limites, la force électromotrice est à peu près constante lorsque l'intensité varie.

Les machines compound paraissent donc les plus avantageuses pour l'éclairage. Elles sont en effet très commodes pour l'éclairage direct, surtout lorsqu'elles sont bien réglées ; mais cela n'arrive pas toujours, parce que le *compoundage* est établi par le constructeur pour une vitesse déterminée, et il n'existe plus pour une vitesse plus grande ou plus petite.

54. Désamorçage, changement de polarité. — Lorsqu'il s'agit de charger des accumulateurs, les machines compound ont le désavantage d'être susceptibles de se désamorcer, comme les machines excitées en série, pour les raisons suivantes :

Lorsqu'on arrête une dynamo, nous avons vu (n° 48) que le magnétisme rémanent des électros permet à la machine de s'amorcer au moment de la mise en marche. Mais lorsque, pour une cause accidentelle quelconque, il se produit dans les électros des machines excitées en série

un courant de sens inverse à celui que fournit normalement la dynamo, ce courant développe dans les électros
des pôles de noms contraires aux pôles habituels, et
lorsqu'on remet la dynamo en marche, le courant développé dans le circuit est de sens inverse à celui qui est
obtenu en temps ordinaire. On dit alors que la *polarité de
la dynamo est renversée*. Ce renversement peut avoir de

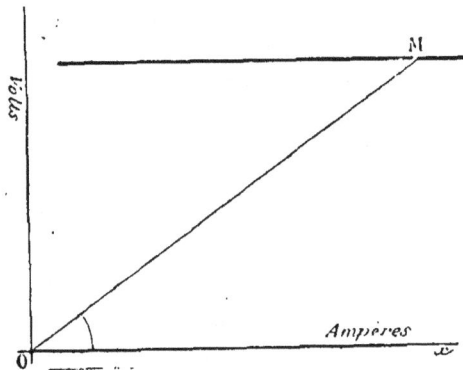

Fig. 15.

graves inconvénients, lorsqu'on charge des accumulateurs
ou lorsqu'on fait des décompositions électrolytiques. Il
est indispensable de l'éviter : nous en verrons plus loin
le moyen (n° 71).

Bien que ce renversement de polarité se produise presque instantanément, il peut arriver que le courant qui
tend à passer en sens inverse dans les électros arrête son
action au moment précis du changement de signe des
pôles ; l'aimantation des électros est alors complètement
détruite et la dynamo ne produit plus aucun courant lorsqu'on la fait tourner. On dit alors que la machine est
désamorcée.

55. Redressement des pôles, réamorçage. — Il faut s'efforcer d'empêcher que ces accidents n'arrivent ; mais lorsqu'ils se produisent malgré toutes les précautions qu'on a pu prendre, il est assez facile d'y remédier.

Dès qu'on s'aperçoit que la polarité des électros est renversée, il faut commencer par arrêter la dynamo. On procède ensuite à l'opération inverse de celle qui a produit le renversement des pôles, en mettant à la borne positive du tableau de distribution (n° 178) l'extrémité du fil négatif du courant de retour, et réciproquement. On fait ainsi passer dans les électros, pendant quelques instants, à l'aide d'un commutateur, un courant circulant en sens inverse de celui qui les a dépolarisés, et la dynamo se désamorce.

Lorsque la machine est désamorcée, on la remet en marche, et l'on fait de nouveau passer, à différentes reprises et pendant quelques moments, le même courant inverse dans les électros, jusqu'au moment où un couran' commence à se manifester dans le circuit. On voit alors le voltage augmenter graduellement dans le bon sens, et la machine reprend son état normal. Ce résultat obtenu, il faut naturellement se hâter de remettre les fils à leurs bornes respectives, avant de rétablir la communication avec le circuit général.

Toutes ces indications de sens du courant sont fournies par la lecture du voltmètre et de l'ampèremètre qui doivent faire partie de toute bonne installation (n° 68).

56. Avantages des machines excitées en dérivation. — L'accident du renversement des pôles peut arriver avec les machines en série ou compound, lorsque le courant se renverse, puisque c'est le courant ou une fraction du courant lui-même qui circule dans le fil des électros, dont il détermine la polarité.

Au contraire, dans les machines excitées en dérivation, le courant des électros ne peut se renverser, ainsi qu'on peut s'en rendre compte par l'examen de la figure schématique ci-contre.

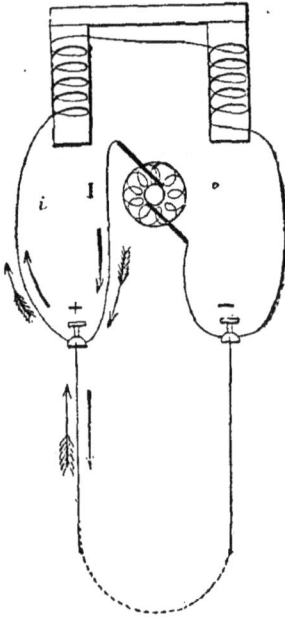

En effet, dans la marche normale, les flèches simples marquent le sens des courants, et l'application de la loi de Kirchhoff (n° 23) au point N fournit l'équation :

$$I - i - I' = 0$$
$$\text{ou } i = I - I'.$$

I' est plus petit que I, puisque ce n'est qu'une fraction du courant total engendré par l'induit, l'autre partie étant envoyée dans le shunt pour produire l'excitation des électros ; donc i est positif.

Supposons qu'une force contre-électromotrice produise à un moment donné dans le circuit un courant de sens contraire à celui qui le traverse en temps ordinaire ; la loi de Kirchhoff nous donnera, en considérant le sens des courants indiqués par les flèches pennées :

$$I + I' - i = 0$$
$$\text{ou } i = I + I'.$$

Fig. 16.

i étant égal à la somme de deux quantités positives, sera encore forcément positif, c'est-à-dire que le courant passera dans le même sens que tout à l'heure.

Il en résulte que dans les machines excitées en dériva-

tion, quel que soit le sens du courant qui passe dans le
circuit extérieur, la polarité des électros ne peut se
renverser. Cet avantage est tel que l'emploi de ce genre
de machines est tout indiqué lorsqu'on craint pour une
cause ou une autre les courants de retour, par exemple
pour la charge des accumulateurs. Bien qu'on puisse re-

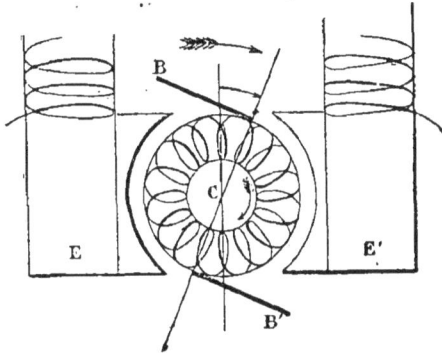

Fig. 17.

médier, en effet, aux accidents qui proviennent du renversement des pôles dans les machines compound ou excitées
en série, on subit des pertes de temps notables lorsqu'il
s'agit ensuite de rétablir les choses dans leur état primitif, et, ce qui est plus grave, on est susceptible d'abîmer
des bains de galvanoplastie, ou des accumulateurs, si un
défaut de surveillance permet à la dynamo de fournir un
courant de sens contraire au courant normal pendant un
temps appréciable.

57. **Calage des balais.** — Les balais doivent recueillir le
courant aux bornes réelles du collecteur. Si l'on considère
le plan méridien du collecteur perpendiculaire à la ligne
des pôles des électros, la droite qui joint le point de contact

théorique des balais forme avec ce plan un certain angle dirigé dans le sens du mouvement de l'induit, comme l'indique la figure 17. Mais cet angle n'est pas fixe ; il varie légèrement avec la vitesse de la dynamo et avec l'intensité du courant qu'elle fournit.

Il est nécessaire, pour le bon fonctionnement des machines, que les balais soient toujours à la place théorique qu'ils doivent occuper. Pour y arriver, il faut pouvoir les déplacer pendant la marche de la dynamo, et, à cet effet, ils sont fixés sur un cadre, mobile autour du collecteur et muni d'un levier qu'on peut manœuvrer en marche sans danger.

La position la plus favorable est obtenue lorsqu'il se produit le minimum d'étincelles entre le collecteur et les balais. On y arrive par tâtonnement en poussant légèrement en avant ou en arrière le levier de commande du cadre mobile sur lequel les balais sont fixés.

Une machine bien réglée ne doit pas donner d'étincelles au collecteur ; pour les éviter, il est nécessaire de bien surveiller les balais pendant la marche, de manière à rectifier leur position s'il s'en manifeste.

58. Variations de la force électromotrice et de l'intensité du courant d'une dynamo. — On peut faire produire à une dynamo donnée une force électromotrice plus élevée que celle pour laquelle elle est construite, au moins dans des limites peu étendues, sans inconvénient pour la conservation de la machine : il suffit pour cela de la faire tourner plus vite (nᵒ 49). Les seules actions nuisibles qui peuvent se produire dans ce cas sont analogues à celles qui se manifestent dans le fonctionnement de tout appareil mécanique qu'on fait marcher à une vitesse exagérée.

Au contraire, il est indispensable de ne pas demander à une dynamo un courant plus intense que celui qui est prescrit par le constructeur. La section des fils de l'induit est calculée en effet pour le courant d'intensité maxima indiquée dans les tarifs. Si l'on fait produire à la dynamo un courant plus intense (en diminuant la résistance extérieure), on provoque un échauffement considérable dans les fils de l'induit. L'élévation de température peut brûler le vernis isolant qui les recouvre et quelquefois faire fondre les fils eux-mêmes. Dans l'un et l'autre cas, la dynamo est mise hors de service, et il faut remplacer l'armature, ce qui est toujours une réparation assez coûteuse.

Pour éviter cet accident, il est indispensable d'intercaler dans le circuit, près des bornes de la dynamo, un *coupe-circuit* à fil fusible, fondant lorsque l'intensité dépasse celle qui est susceptible de détériorer la machine. On est assuré de cette façon de ne jamais produire un courant trop intense.

On se rend facilement compte de l'échauffement d'une machine en mettant la main sur les inducteurs. Lorsque leur température atteint plus de 40 ou 50°, c'est que l'intensité dépasse sa limite maxima.

59. Installation d'une dynamo. — Lorsqu'on installe une dynamo, il faut placer l'arbre de la machine bien parallèlement à l'arbre de commande, de manière à éviter les frottements, qui deviennent tout de suite très importants pour de grandes vitesses.

Il est en outre nécessaire de prendre toutes les précautions qu'il est d'usage d'employer lorsqu'on actionne une machine à grande vitesse; la courroie ne doit pas présenter de saillie intérieure; pour cela, on peut coller ses deux extrémités après les avoir amincies en sifflet, ou bien les replier extérieurement et les attacher avec un système quelconque d'agrafes ou de boulons. Elle ne doit être ni trop tendue, ce qui augmenterait les frottements, ni trop lâche, ce qui la ferait patiner en produisant des ralentissements dans la vitesse de la dynamo, et par suite des variations dans l'intensité de l'éclairage. Aussi faut-il lui donner des dimensions suffisantes pour lui permettre de conduire facilement la machine.

- 60. Section des courroies de commande. — La section d'une courroie de commande d'une dynamo peut être déterminée d'après la formule suivante :

$$q = \frac{300\ \text{EI}}{n\ \text{D}}$$

en donnant aux lettres la valeur indiquée ci-dessous :

q section de la courroie en centimètres carrés.

E force électromotrice maxima de la dynamo en volts.

I intensité maxima de la dynamo en ampères.

n nombre de tours de la dynamo par minute.

D diamètre de la poulie de la dynamo en millimètres.

Par exemple, la courroie de commande d'une dynamo de 110 volts et 20 ampères tournant à 1,300 tours au moyen d'une poulie de 130 millimètres de diamètre devra avoir une section égale à

$$q = \frac{300 \times 110 \times 20}{1300 \times 130} = 3,90 \text{ centimètres carrés}.$$

Si la courroie a une épaisseur de 5^{mm}, elle devra avoir une largeur au moins égale à 78 millimètres, soit 8 centimètres.

61. Cadre de scellement. — Il est bon de ne pas sceller directement la dynamo sur le massif de fondation, mais de la faire reposer sur un cadre à rainures en fonte, qui est alors scellé dans une pierre. Des boulons prisonniers permettent de fixer la dynamo à ce cadre et de l'éloigner légèrement de la transmission de commande, quand la courroie se détend. Cette disposition, très commode, permet de remédier à de faibles allongements de la courroie,

tandis qu'on ne peut la raccourcir aux attaches que pour
en couper un morceau d'une certaine longueur.

62. Vitesse d'une dynamo. — Il est avantageux de donner
à la machine une vitesse un peu supérieure à celle qui est
indiquée par le constructeur, de manière à obtenir une
force électromotrice un peu plus élevée que celle dont on
a besoin. Cette disposition est souvent utile, par exemple
si la ligne qu'on établit occasionne une perte de charge
un peu plus forte que celle sur laquelle on comptait, ou
bien si l'on désire charger un accumulateur ou deux en
plus de ceux que peut alimenter la machine en temps
normal, ou dans d'autres cas analogues. Comme nous
l'avons vu, il n'en résulte aucun inconvénient pour la
dynamo.

Il est absolument indispensable pour la fixité de l'éclairage d'assurer une grande régularité à la vitesse de la
dynamo. Les machines à vapeur sur lesquelles elles sont
attelées doivent être munies de très bons régulateurs ;
lorsque les dynamos sont placées dans un atelier où le
travail est peu régulier et où les changements de vitesse
sont à craindre, il est utile d'employer un volant puissant
pour atténuer les effets de ces variations. Bien entendu,
les volants ne doivent pas être placés sur les arbres de
commande directs des dynamos, qui tournent à de trop
grandes vitesses, mais sur les transmissions intermédiaires.

Il en est de même dans le cas de la commande d'une
dynamo par un moteur à gaz. La régulation d'un moteur
à gaz se fait en supprimant l'admission du gaz pendant
un ou plusieurs tours, lorsque la vitesse augmente. Pendant ce temps, aucun travail moteur n'étant produit, la
vitesse tombe brusquement. Dans les moteurs à vapeur,
au contraire, le régulateur agit en étranglant la vapeur

dans la conduite d'admission, ou en modifiant la détente,
de sorte que le changement de vitesse se fait insensi-
blement.

Le seul moyen d'éviter les à-coups dans les moteurs à
gaz consiste dans l'emploi de forts volants. Il est bon aussi
de ne pas trop tendre la courroie qui commande la dynamo,
pour permettre à l'élasticité du cuir de contribuer dans
une certaine mesure à la régulation de la vitesse.

On construit aujourd'hui des moteurs à gaz conjugués,
à deux cylindres, spécialement en vue de leurs applications à la lumière électrique. Ces machines ont une marche
plus régulière que les moteurs à gaz ordinaires, à un seul
cylindre, dans lesquels la pression résultant de l'explosion
du gaz n'agit sur le piston que pendant un demi-tour sur
un ou même sur deux tours. Les moteurs à gaz à deux
cylindres donnent de meilleurs résultats que les autres;
mais, même si on les emploie, il est nécessaire de prendre
les précautions indiquées ci-dessus pour assurer la régularité de la transmission du mouvement.

63. Rhéostats. — Il est toujours utile d'intercaler des
rhéostats dans le shunt d'une dynamo, et dans la ligne
formée par les conducteurs principaux. Ces rhéostats
doivent présenter une résistance suffisante pour que l'intensité du courant puisse être ramenée à sa plus faible
valeur utilisable dans l'installation spéciale qu'on a en
vue, quelles que soient les conditions de résistance du
circuit extérieur.

64. Réglage des balais. — Les fils des balais doivent être
tous parallèles, et leur extrémité coupée bien nettement.
On doit régler les ressorts de manière que le faisceau de
fils s'épanouisse en appuyant légèrement, sans forcer,
sur le collecteur. Les extrémités des balais doivent s'appliquer en deux points du collecteur diamétralement

opposés. Il est commode de donner sur la tranche du
collecteur deux coups de pointeau aux extrémités d'un
même diamètre ; lorsqu'on dérange les balais, pour une
cause ou une autre, on les règle ensuite sans tâtonnement
en les arrêtant aux deux points de repère marqués de
cette façon.

La longueur des balais doit être telle que chacun d'eux
touche un peu plus d'une lame du collecteur. Au bout d'un
certain temps de marche, les balais s'usent rapidement et
leur partie inférieure prend la courbure du collecteur, de
sorte que les balais appuient sur plusieurs lames à la fois.
On détruit de cette façon une partie du courant de l'induit
en mettant une ou plusieurs spires en court-circuit, et le
voltage diminue sensiblement. Lorsqu'on s'en aperçoit, il
faut retirer les balais, les couper franchement (ou les
retourner si on ne l'a pas déjà fait) et les remettre ensuite
en les réglant avec soin.

65. Entretien d'une dynamo. — Lorsqu'une machine est en
marche, il faut régler le calage des balais de manière à
produire le minimum d'étincelles (n° 57), sans s'occuper
du voltage.

Il peut arriver, dans ces conditions, que la force électromotrice baisse au-dessous de celle que la machine peut
produire, même lorsqu'on élimine complètement les
rhéostats de la dérivation et du circuit. Cela peut tenir
soit à une diminution de vitesse de la dynamo, soit au
mauvais réglage ou à l'usure des balais. En vérifiant si les
courroies sont bien tendues et si les ressorts des balais sont
bien réglés, on arrive facilement à remettre les choses en
état.

La surface du collecteur doit être toujours aussi lisse que
possible ; si en effet une strie commence à se former, il
se produit une étincelle à cet endroit, et la strie s'accentue

de plus en plus. Pour l'éviter, il faut que les balais soient toujours très bien entretenus, avec des fils bien parallèles; on doit aussi passer tous les jours, à deux ou trois reprises, un morceau de fine toile d'émeri sur le collecteur pour le polir pendant la marche.

Afin de diminuer l'usure du collecteur, on emploie souvent aujourd'hui des balais en toile de cuivre rouge, au lieu de faisceaux de fils. On obtient ainsi une surface plus homogène, et le collecteur se comporte mieux qu'avec l'ancien dispositif.

Malgré toutes les précautions, le collecteur finit toujours par s'user et se rayer ; lorsqu'il s'y est produit des stries trop profondes, il faut démonter l'arbre de la dynamo, et rectifier le collecteur sur le tour. Cette opération ne présente aucune difficulté : il faut seulement avoir soin, après le finissage du tour, d'enlever les bavures que l'outil a pu laisser entre les lames du collecteur, sur le vernis isolant qui les sépare.

Enfin les paliers de l'arbre de la dynamo doivent être graissés avec beaucoup de soin, comme ceux de tout organe qui marche à grande vitesse.

66. Rendement des dynamos. — Le rendement d'une dynamo est le rapport entre le travail mécanique qu'il est nécessaire de produire pour faire tourner la machine et le travail électrique qu'on recueille aux bornes de la canalisation. Nous avons vu (n° 31) que le travail mécanique correspondant à l'emploi d'un courant de E volts et I ampères est égal à

$$\frac{EI}{g} \text{ kilogrammètres, ou à } \frac{EI}{g \times 75} \text{ chevaux-vapeur.}$$

Il en résulte que si l'on désigne par N le nombre de chevaux absorbés par une dynamo, le rendement r de cet appareil est exprimé par le rapport

$$r = N : \frac{EI}{75\,g}.$$

En pratique, le rendement des dynamos varie de 80 à 90 0/0 suivant le soin avec lequel elles sont construites, les dispositions qu'elles présentent et la qualité des matériaux qui les composent. Le prix d'une dynamo est d'ailleurs relativement d'autant plus élevé que son rendement est plus fort. En tout cas, dans un projet d'installation, il ne faut pas compter sur un rendement supérieur à 80 0/0.

Pour une même dynamo, son rendement est d'autant plus élevé qu'elle est mieux utilisée, c'est-à-dire que la force électromotrice et l'intensité du courant qu'elle produit se rapprochent plus des données en vue desquelles elle est construite.

67. Exemple. — On demande quelle puissance sera absorbée par une dynamo de 110 volts et 20 ampères.

Le travail exprimé en chevaux, correspondant à un tel courant, sera égal à

$$\frac{EI}{75\,g} = \frac{110 \times 20}{75 \times 9,800} = 3 \text{ chevaux.}$$

En admettant un rendement de 80 °/₀, la puissance absorbée par la dynamo sera égale à $\frac{3 \times 100}{80} = 3{,}75$ chevaux.

68. Voltmètres, ampèremètres. — La force électromotrice d'un courant peut se mesurer immédiatement avec un appareil appelé *voltmètre*, et l'intensité avec un *ampèremètre*. Il est indispensable, près de toute dynamo, d'avoir un voltmètre et un ampèremètre, afin de se rendre compte des conditions de la marche de la machine.

Le voltmètre se place en dérivation entre les deux points
du circuit dont on a intérêt à mesurer la force électromotrice (fig. 18). Cet appareil est généralement installé
sur le tableau de distribution, car la canalisation est calculée de telle sorte que la différence de potentiel aux

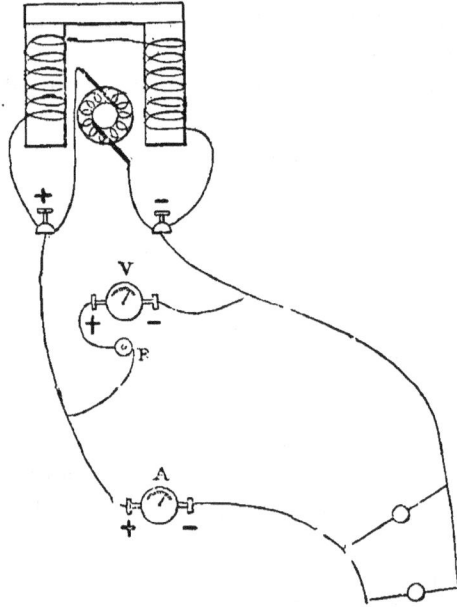

Fig. 18.

A Ampèremètre. — V Voltmètre. — B Bouton du voltmètre.

bornes des lampes est fonction de la force électromotrice
mesurée au tableau de distribution. Mais il peut n'en être
pas ainsi, et dans ce cas il est nécessaire de relier le
voltmètre soit aux bornes mêmes des lampes, soit aux
points où la force électromotrice doit avoir une valeur
déterminée.

Il ne faut pas laisser passer le courant longtemps dans

le voltmètre : cet appareil est construit avec un fil très fin
qui présente une très grande résistance : il s'échauffe et
se détériore lorsqu'on y fait passer un courant pendant
un temps un peu long ; généralement, on place en un
point quelconque de la dérivation du voltmètre un bouton
de contact sur lequel on appuie un instant chaque fois
que l'on veut faire une lecture.

L'ampèremètre, au contraire, appareil de faible résistance, s'intercale dans le circuit, et son aiguille indique
constamment l'intensité du courant qui le traverse.

Pour installer un voltmètre ou un ampèremètre, il faut
faire communiquer la borne + avec le fil positif et la
borne — avec le fil négatif, sans quoi l'aiguille marche
dans le sens opposé à la graduation. Les indications de
ces appareils permettent par suite de voir si le courant
circule dans le circuit dans le sens convenable.

69. Remarque. — Au bout d'un certain temps d'usage, les
voltmètres et les ampèremètres fournissent des indications
trop fortes. Cela tient à la façon dont ils sont construits.
Ils se composent, en général, d'un léger barreau de fer
doux qui peut osciller dans une petite bobine de fil de
cuivre. Ce barreau est solidaire de l'aiguille qui se meut
sur la graduation de l'appareil. Lorsque le courant passe,
le barreau de fer s'aimante et tend à se mettre en croix
avec sa position primitive. L'appareil ainsi construit serait
trop sensible et ne pourrait pas être gradué. Pour arriver
à lui faire donner des indications numériques, on place la
bobine et le barreau entre les pôles d'un aimant directeur
dont l'action a pour but de contrarier celle de la bobine,
de sorte que le barreau est soumis à deux actions contraires, dont l'une (celle de l'aimant directeur) reste constante et l'autre (celle de la bobine) varie avec le courant :
il peut donc prendre une position d'équilibre suivant la

valeur de ce dernier facteur. L'angle dont dévie le barreau
est d'autant plus élevé que l'action de la bobine est elle-
même plus forte par rapport à celle de l'aimant directeur.

Lorsque le voltmètre est très ancien, ou quelquefois
lorsqu'il a été soumis fortuitement à l'action de pièces
métalliques importantes, l'aimantation de l'aimant directeur diminue ; l'action de la bobine sur le barreau de fer
doux prend donc par rapport à celle de l'aimant permanent, et pour une même valeur du courant, une importance relative plus grande qu'au moment où l'appareil a
été gradué ; la déviation résultante du barreau de fer
doux est alors plus élevée pour un même courant, et par
suite les indications de l'appareil sont également plus
fortes.

Lorsqu'on s'en aperçoit, il est nécessaire de le faire re-
graduer chez le constructeur : c'est une opération facile
et peu coûteuse.

Il existe bien des voltmètres et des ampèremètres construits d'après d'autres principes, mais ils sont peu employés dans la pratique pour les petites installations à courants continus.

70. Compteurs d'électricité. — Les compteurs sont des
appareils servant à mesurer l'énergie électrique qui traverse un circuit. Ils se composent en principe d'un mécanisme d'horlogerie qui peut être mis en marche par un
index fixé à un barreau de fer doux ou à une bobine d'induction. L'index, animé d'un mouvement pendulaire, est
susceptible d'être attiré par un électro-aimant dans lequel
passe le courant à mesurer. L'attraction produite est plus
ou moins vive suivant la force du courant. Les oscillations
de l'index, combinées avec le mouvement de l'appareil
d'horlogerie, sont inscrites sur un cadran; et, suivant
la disposition adoptée pour les bobines , le compteur

enregistre l'énergie totale du courant, c'est-à-dire les *watts-heure*, ou seulement la quantité, c'est-à-dire les *coulombs*, lorsque la distribution est à potentiel constant. Dans le premier cas, l'appareil s'appelle un *watts-heure-mètre*, et dans le second cas un *coulombs-mètre*.

71. Disjoncteurs automatiques. — Nous avons vu (n° 54) que dans les machines excitées en série ou compound, un changement dans le sens du courant renverse la polarité des électros. Lorsque cet accident est à craindre, il faut placer dans la ligne un appareil appelé *disjoncteur* ou *coupe-circuit automatique*. Il se compose d'un levier qui s'abaisse sur l'armature d'un électro-aimant intercalé dans le circuit, et qui le ferme en établissant un contact dans cette position. Lorsque le courant passe et qu'on appuie sur le levier, celui-ci reste ensuite maintenu par l'attraction de l'électro-aimant; mais si le courant s'interrompt, un ressort antagoniste coupe le circuit en rappelant le levier, lequel reste levé tant qu'on n'exerce pas une nouvelle pression sur lui.

Le principe du fonctionnement de l'appareil est basé sur ce fait, que le courant étant établi dans un sens ne peut se renverser sans s'annuler. Au moment où il passe par zéro, et même un peu avant, le ressort détache le levier, et en rompant le contact, empêche le courant de passer en sens inverse.

Pour rétablir le courant dans le bon sens, il suffit d'appuyer sur le levier, mais il faut seulement le faire quand on est bien certain que la cause qui a produit le renversement du courant a disparu. Lorsqu'on hésite, il faut suivre les indications d'un voltmètre ou d'un galvanomètre mis en communication avec le circuit, ou employer certaines dispositions spéciales dont nous verrons un exemple plus loin (n° 174). Si l'on appuyait en effet sur le levier lorsqu'on

n'est pas sûr que le courant repassera dans le sens voulu,
le contact pourrait s'établir même si le courant circulait
en sens inverse, puisque le disjoncteur ne coupe le circuit
qu'au moment où le courant s'annule, et non pas lorsqu'il
circule dans le sens opposé au sens normal.

72. Disjoncteurs-conjoncteurs. — Il existe des appareils
appelés *disjoncteurs-conjoncteurs* qui ne laissent passer le
courant que dans un sens déterminé, coupant le circuit
quand le courant suit une direction inverse et le rétablis-
sant quand il reprend le sens convenable. Mais ces appareils, d'un prix plus élevé que les disjoncteurs ordinaires,
sont d'une construction moins robuste et leur fonctionnement n'est pas toujours absolument régulier. Dans la majorité des cas, un disjoncteur suffit, surtout si on a soin de
le placer sous le contrôle immédiat et à portée de la main
de l'agent qui conduit les dynamos ou qui surveille une
partie importante de l'installation.

73. Accouplement des dynamos. — Lorsqu'on possède une
installation d'éclairage et qu'on veut lui donner plus d'importance, si l'on utilise la dynamo à son maximum de débit, il est nécessaire d'acquérir une deuxième dynamo
pour l'adjoindre à la première. Dans la plupart des cas,
il faut établir une canalisation spéciale pour cette nouvelle
machine, le diamètre des fils conducteurs n'étant en général pas assez fort pour livrer passage à un courant d'une
intensité plus élevée que celle pour laquelle ils ont été
installés. Si, au contraire, on reconnaît d'après les indications développées plus loin, dans le chapitre qui traite
des installations, que les conducteurs principaux partant
de la machine sont suffisants, il peut être avantageux
d'associer les deux machines afin de réaliser une économie
dans l'emploi des fils conducteurs, par exemple dans les

canalisations en série où l'intensité est constante. Dans tous les cas, cet accouplement exige certaines précautions.

74. Machines excitées en série. — Lorsque deux machines excitées en série sont établies de manière à produire un courant de même intensité, il n'y a aucun inconvénient à

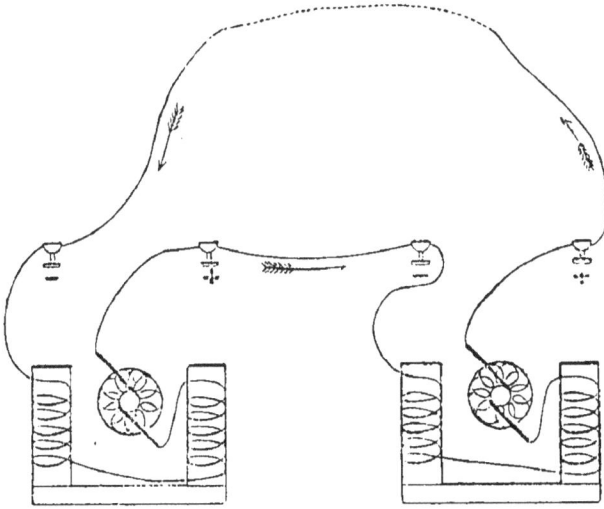

Fig. 19.

les relier en série (n° 36), c'est-à-dire à faire communiquer la borne positive de l'une avec la borne négative de l'autre (fig. 19), les deux autres pôles constituant les bornes de l'ensemble de la source, dont la force électromotrice est alors égale à la somme des forces électromotrices des deux dynamos prises isolément. Si les deux dynamos ne sont pas construites de manière à produire un courant de même intensité, il est impossible de les assembler ainsi, car le même courant circulant dans les fils des électros et de l'armature, la section des fils de la

machine construite pour le courant le plus faible serait
insuffisante et elle s'échaufferait rapidement (n° 58).

On ne peut pas réunir directement en dérivation deux
dynamos excitées en série. Lorsqu'on les met en mouve-

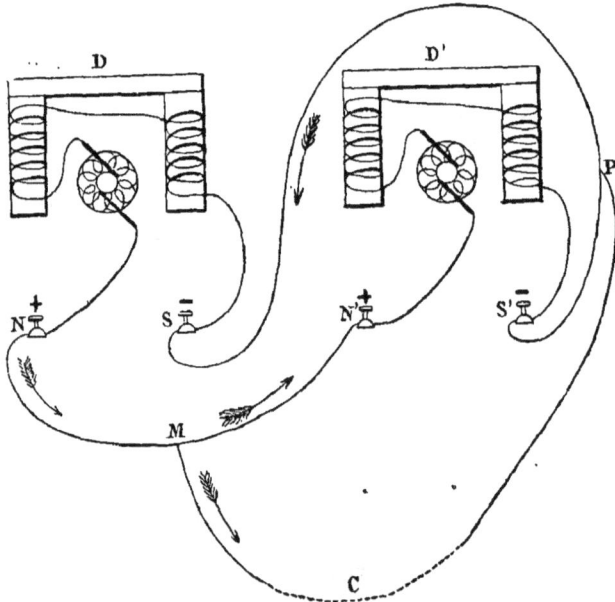

Fig. 20.

ment, l'une d'elles s'amorce toujours plus vite que l'autre,
quelles que soient les précautions qu'on prenne pour les
faire marcher d'accord : celle qui s'amorce la première
envoie alors dans l'autre un courant de sens inverse à
celui de sa marche normale, et change la polarisation des
électros, ainsi que le montre la figure 20.

Supposons en effet que la dynamo D s'amorce la première ; le courant engendré par cette machine circule dans

le circuit dans le sens N M C P S D N indiqué par les flèches.
La dynamo D' étant inerte, le courant de la dynamo D se
partage aux bran-
chements M et P en
deux fractions dont
l'une passe dans la
canalisation ; l'autre
parcourt la dériva-
tion M N' D' S' P qui
contient la dyna-
mo D', dans le sens
indiqué par la flè-
che , c'est - à - dire
dans le sens con-
traire à celui qui
résulterait du cou-
rant produit par la
dynamo D', si elle
fonctionnait régu-
lièrement. Ce cou-
rant de sens con-
traire suffit à ren-
verser la polarité de
D'; de plus, comme
la résistance propre
des dynamos est
très faible, le cou-
rant acquiert immé-
diatement une in-
tensité très considé-

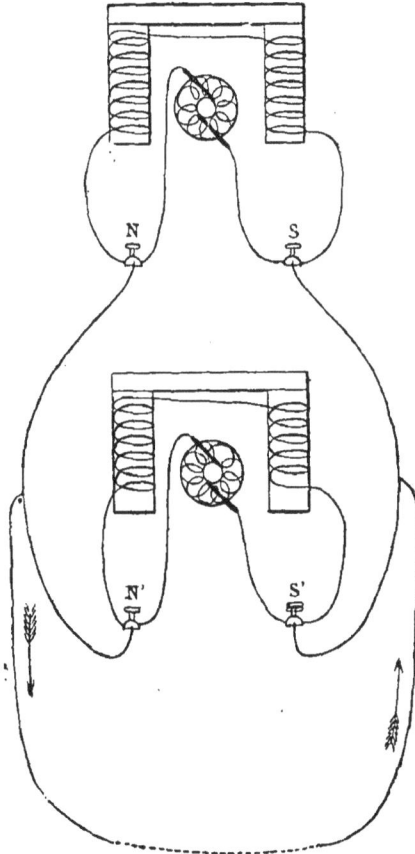

Fig. 21.

rable qui est susceptible de détériorer complètement les
deux dynamos.

On a proposé des dispositions spéciales pour remédier à
ces inconvénients, mais elles ne sont pas très pratiques,

car elles ne permettent plus, si on les applique, de faire
marcher une machine isolée : il faut les faire tourner
constamment toutes deux ensemble.

75. Machines excitées en dérivation. — Les machines excitées en dérivation peuvent être couplées en quantité sans
inconvénient (fig. 21), à condition, bien entendu, de ne
pas demander à leur groupe un courant d'intensité plus
forte que la somme des intensités que peut fournir chaque
dynamo isolément. Il faut en outre que chaque machine
prise séparément ne donne pas un courant d'intensité plus
élevée que celui qu'elle doit produire. On s'en assure avec
un ampèremètre, et si l'on en constate le besoin, on règle
le courant en manœuvrant convenablement les rhéostats
des dynamos. Il faut, surtout au moment de la mise en
marche des machines, et de leur arrêt, combiner avec soin
la manœuvre de ces rhéostats de manière à ne pas dépasser
les limites voulues pour les intensités maxima qu'elles
peuvent engendrer.

On ne peut pas relier en série deux machines excitées en
dérivation, comme l'indiquerait la figure 22, sans changer
le mode d'attache des fils du shunt aux bornes des dynamos. L'une des deux dynamos, en effet, s'amorce toujours
plus vite que l'autre. Supposons que ce soit la dynamo D.
Elle engendre un courant qui circule dans le sens indiqué
par les flèches. L'induit C' ne produisant au commencement qu'un courant nul ou seulement très faible, le courant
envoyé par la machine D dans le circuit se partage aux
points N' et S' en deux autres dans les circuits N' C' S' et
N' D' S', dans la direction indiquée par les flèches. Le courant qui passe dans les électros E' est par suite de sens
opposé à celui que fournirait la dynamo D' marchant
seule; l'induction de ces électros E' sur l'armature de la
machine D' lui fait par suite produire un courant de sens

contraire à celui qu'elle devrait envoyer dans la canalisation. Ce courant réagit sur la dynamo D en la contrariant,
et réciproquement, de sorte qu'au bout de quelques instants, aucune des dynamos ne produit plus de courant.

Si l'on tient à réunir en série deux machines excitées
en dérivation, il faut relier en série séparément, d'un côté

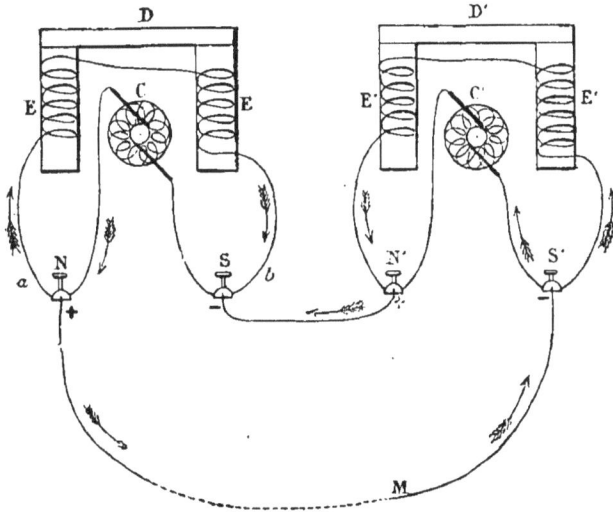

Fig. 22.

les armatures des dynamos par l'intermédiaire des balais,
et de l'autre côté les électros, de manière à obtenir la disposition indiquée figure 23. La borne négative de la première machine est reliée à la borne positive de la deuxième ;
l'extrémité négative du fil des électros de la première machine est retirée de sa borne, ainsi que l'extrémité positive
du fil des électros de la deuxième, et les deux bouts libres
sont attachés ensemble ; les fils extrêmes, positif de la première machine et négatif de la deuxième, restent fixés à

leurs bornes d'où partent les fils de la canalisation. Dans
ce cas encore, on est obligé de faire constamment marcher
les deux dynamos ensemble.

76. Machines compound. — Les machines compound étant
à la fois excitées en série et en dérivation, on ne peut les

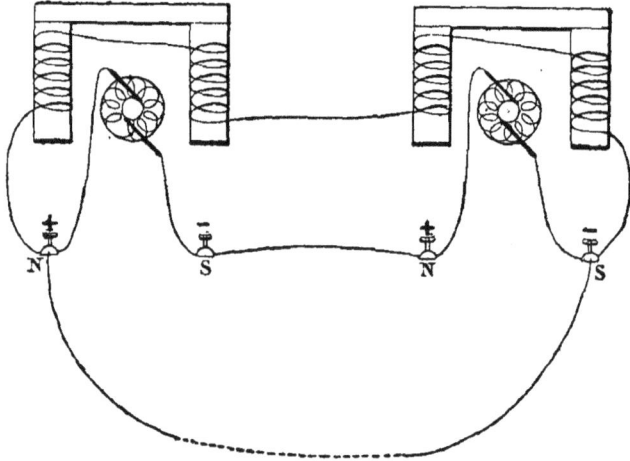

Fig. 23

accoupler ni en tension ni en quantité, puisque dans le premier cas elles présentent les inconvénients des machines
excitées en dérivation, et dans le second ceux des machines excitées en série. On ne parvient à les associer que
par l'emploi de dispositions compliquées ; pratiquement on
ne réunit jamais deux dynamos compound, et on préfère
installer deux circuits distincts, lorsque la machine d'une
usine est insuffisante et lorsqu'on se décide à lui en adjoindre une autre.

TROISIÈME PARTIE

Accumulateurs.

---

77. Description sommaire. — Un accumulateur se compose en principe de deux plaques de plomb garnies de

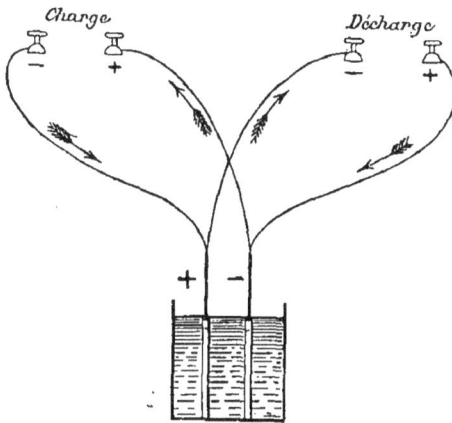

Fig. 24.

sulfate de plomb et baignant dans de l'eau acidulée par l'acide sulfurique. Si l'on fait passer un courant entre les deux plaques servant d'électrodes, comme dans un voltamètre, l'oxygène de l'eau décomposée se porte au pôle positif et l'hydrogène au pôle négatif, de sorte que le sulfate de plomb de l'électrode positive se transforme en sulfate de peroxyde de plomb, tandis que celui de l'électrode négative est réduit à l'état de plomb métallique spongieux.

Lorsqu'on réunit ensuite les deux électrodes par un conducteur, il se produit dans l'accumulateur des réactions chimiques qui ramènent les plaques à leur état primitif, et ces réactions donnent naissance dans le conducteur à un courant allant de l'électrode positive à l'électrode négative.

78. Différents genres d'accumulateurs. — A l'origine, Planté, l'inventeur des accumulateurs, garnissait ses plaques de sulfate de plomb par l'action du courant lui-même, en faisant passer dans ses appareils, à de nombreuses reprises, le courant tantôt dans un sens, tantôt dans l'autre. A chaque passage, le métal était attaqué un peu plus profondément, et le constructeur finissait par obtenir des éléments ayant assez de matière susceptible d'emmagasiner l'électricité pour pouvoir être utilisés industriellement.

Cette fabrication des électrodes est très longue; aussi a-t-on imaginé de remplacer la préparation électrolytique des plaques par l'application mécanique du sulfate de plomb sur un support conducteur.

Aujourd'hui la presque totalité des plaques employées dans la pratique est formée d'un cadre ou grillage en alliage de plomb, d'antimoine et de mercure, inattaquable par l'acide sulfurique comme le plomb, mais plus résistant que lui. Dans ce cadre sont ménagées des cellules ou des rainures de formes et de dispositions variant avec les constructeurs, et l'on y introduit de l'oxyde ou du sulfate de plomb fortement comprimé. Les grillages ainsi chargés mécaniquement d'oxyde et de sulfate de plomb sont beau-

coup plus faciles à faire que les plaques Planté et jouis-
sent des mêmes propriétés que ces dernières.

Néanmoins, dans certains cas, les accumulateurs du
genre Planté conservent une certaine supériorité sur leurs
dérivés, comme nous le verrons plus loin (n° 109), et plusieurs constructeurs font leurs efforts pour revenir au
principe primitif en employant des dispositions spéciales
pour simplifier la préparation des plaques de cette espèce.
Ils espèrent ainsi créer un type nouveau, réunissant les
avantages des deux genres d'accumulateurs.

79. Montage d'un accumulateur. — Un accumulateur est
composé en général d'un réservoir en verre, en grès ou en
bois garni de verre ou de plomb, inattaquable par l'acide
sulfurique, et dans lequel on range un nombre impair de
plaques, alternativement positives et négatives.

On appelle *plaques positives* d'un accumulateur celles
qu'on met en communication directe avec le pôle positif
de la dynamo, au moyen du conducteur et de la connexion;
les *plaques négatives* sont celles qu'on relie avec le pôle
négatif de la machine.

Les plaques extrêmes sont négatives en général, et peuvent ne renfermer du mélange actif de sulfate de plomb
que sur la moitié de leur épaisseur. Les plaques sont
toutes munies d'une *queue* ou *projection* fondue avec elles,
d'un seul côté du cadre.

Lorsqu'on reçoit des accumulateurs, il faut d'abord vérifier que les bacs sont étanches, en y versant de l'eau et en
examinant s'il n'y a pas de petite fuite qu'il faudrait commencer par réparer. On procède ensuite au montage.

Pour monter un élément, on y range les plaques en
plaçant toutes les queues positives d'un côté et toutes les
queues négatives de l'autre. On soude ensuite les extrémités de toutes les queues positives dans une lame de plomb

appelée *connexion*, qui sert à relier chaque élément à l'élément voisin, et l'on soude de même toutes les extrémités des queues négatives dans une autre connexion. Pour faire cette soudure, il est indispensable d'employer du plomb pur ou un alliage analogue à celui du cadre ; il ne faut pas se servir d'étain, car celui-ci serait attaqué par les gouttes d'acide sulfurique projetées pendant la charge des accumulateurs, et les communications deviendraient défectueuses.

Les plaques sont maintenues verticalement, à la position qu'elles doivent occuper dans la caisse de l'élément, de différentes manières suivant les constructeurs. Certains emploient des cadres en bois paraffiné ; d'autres des supports en verre isolés des parois de la caisse par des bandes de caoutchouc, les plaques étant elles-mêmes isolées les unes des autres et maintenues à une distance convenable par du caoutchouc ; d'autres encore les suspendent à une traverse isolante posée sur les bords supérieurs de la caisse. Quel que soit le mode de montage, il importe que les plaques soient placées bien *parallèles* entre elles, bien *équidistantes* et bien *isolées* des parois de la caisse.

80. Courts-circuits. — Si les plaques ne sont pas bien parallèles et équidistantes, les parties les plus rapprochées offrant moins de résistance au passage du courant que les autres, il se produit des déformations dans les plaques ; elles arrivent à la longue à se toucher par un point en établissant ainsi ce qu'on appelle un *court-circuit*. Le même fait se produit si les plaques touchent les parois de la caisse qui les contient, quand celle-ci est conductrice de l'électricité.

Les courts-circuits se produisent surtout par suite du boursouflement de la pâte d'oxyde et de sulfate de plomb intercalée dans les quadrillages des plaques, dont elle

constitue la partie active. Sous l'influence du courant,
cette composition se gonfle fortement pendant la charge
et se dégonfle pendant la décharge, mais son expansion
n'est pas absolument régulière. Au bout d'un certain temps
il se forme, à la surface des pastilles ou des languettes de
pâte, des petites bulles qui crèvent en laissant des bavures,
dont le contact avec celles des plaques voisines produit
des courts-circuits.

Lorsqu'il s'établit des courts-circuits dans un élément,
il se décharge de lui-même plus ou moins rapidement ; au
bout d'un certain temps, non seulement il disparaît ainsi
une quantité notable d'électricité en pure perte, mais on
ne parvient plus du tout à le charger. Nous verrons plus
loin comment on remédie à ce défaut lorsqu'il se produit
accidentellement en marche, mais, en tout cas, il faut
faire tout son possible pour l'éviter au moment du montage.

81. Installation d'une batterie. — Les connexions étant
soudées, on place les accumulateurs à côté l'un de l'autre,
par terre ou sur des rayons disposés à cet effet, en ayant
soin de mettre sous chaque coin des bacs un isolateur en
porcelaine ou en verre, pour que l'isolement des éléments
avec le sol soit le plus parfait possible. On peut se contenter d'employer quatre petits tasseaux de bois paraffiné
placés en rectangle, les deux tasseaux latéraux reposant
sur les extrémités des tasseaux longitudinaux.

Il est préférable de mettre tous les accumulateurs par
terre, sur leurs isolateurs, bien entendu, en plusieurs lignes, assez espacées pour qu'on puisse accéder facilement
à chaque élément, et de n'employer des rayons que si l'on
manque de place. Les rayons, si l'on est obligé d'y avoir
recours, doivent être très solides, à cause du poids considérable des accumulateurs ; on les fait généralement en

planches épaisses de chêne recouvertes de plusieurs cou-
ches de vernis.

Les accumulateurs étant ainsi disposés, on décape soigneusement les extrémités des connexions qui doivent
être en contact, puis on réunit solidement la connexion
négative de chacun d'eux
avec la connexion positive
du suivant, et réciproquement (fig. 23). La batterie
est alors montée.

82. Solution acide. — Le
montage des accumulateurs
étant terminé, il faut les remplir avec une solution d'acide
sulfurique de manière à dépasser le ·niveau supérieur
des plaques d'un centimètre
environ. On trouve ces solu-
tions toutes faites dans le
commerce, mais il vaut mieux
les préparer soi-même. C'est
d'abord moins cher, et c'est
moins encombrant de faire
une provision d'acide concentré que d'acide étendu.
On se sert pour cet usage

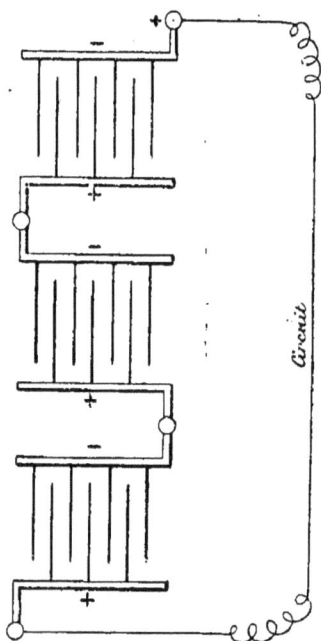

Fig. 23.

d'*acide sulfurique pur à* 66°, qu'on verse dans un baquet
d'*eau distillée* ou de *pluie* jusqu'au moment où le degré de
la solution refroidie atteint 20° *Beaumé*. Bien entendu, il
faut prendre les précautions usitées pour le maniement de
l'acide sulfurique, ne se servir que de vases en plomb, en
grès verni, en verre, etc., inattaquables ; verser l'acide
peu à peu dans l'eau et non pas l'eau dans l'acide, et

agiter de temps en temps pendant qu'on fait le mélange.

Avant de se servir du mélange, il est nécessaire de le laisser refroidir ; on le prépare pour cela un ou deux jours d'avance.

Lorsque la solution est froide, on la verse dans les bacs des accumulateurs avec un siphon en caoutchouc jusqu'au niveau voulu.

83. Communication avec la source électrique. — Le remplissage terminé, il faut mettre immédiatement les accumulateurs en communication avec la dynamo ou les piles qui doivent les charger. Les accumulateurs sont réunis entre eux en série, c'est-à-dire que la connexion positive de l'un est reliée à la connexion négative du suivant, et ainsi de suite. Quel que soit le mode de liaison adopté par le constructeur, il est nécessaire que les surfaces en contact soient parfaitement décapées et bien serrées l'une contre l'autre. Il est mauvais de les souder entre elles, car il peut être utile d'isoler, à un moment donné, un accumulateur du circuit général pour lui faire subir une réparation ; le montage par boulons est le plus pratique.

Il faut avoir grand soin, au moment où l'on établit la communication avec la dynamo, de bien faire aboutir le fil positif à la borne positive des accumulateurs et le fil négatif à la borne négative ; sans cela, on chargerait les éléments en sens inverse, et on les détériorerait. Si l'on n'est pas absolument sûr de la correspondance des fils avec les bornes de la dynamo, on fait plonger les deux extrémités des conducteurs dans un verre d'eau acidulée ; il se dégage des gaz qu'on recueille avec une petite éprouvette ; le côté négatif est celui de l'hydrogène, c'est-à-dire celui du gaz qui s'enflamme.

84. Force électromotrice maxima des accumulateurs. — Lorsqu'on charge un accumulateur en service courant, la

force électromotrice propre qu'il acquiert peut être mesurée à chaque instant avec un voltmètre. On constate
alors que cette force électromotrice monte graduellement
jusqu'à une limite de 2,40 ou 2,45 volts, qu'elle ne peut
jamais dépasser.

Si l'on se reporte à ce que nous avons vu au sujet de la
fixité de la force électromotrice des piles (n° 35), on comprendra facilement que la force électromotrice dépend à
chaque instant de la réaction chimique qui se produit, et
par suite qu'elle est fonction de l'état de charge ou de décharge plus ou moins avancée de l'élément, sans toutefois
dépasser une limite donnée qui correspond à l'action
chimique maxima, lorsque tout le sulfate de plomb est
bioxydé au pôle positif et réduit au pôle négatif.

La force électromotrice d'un élément donne donc des
indications précieuses sur son état de charge ou de décharge.

Au contraire, la quantité d'électricité susceptible d'être
fournie par un accumulateur et sa résistance intérieure
dépendent uniquement de ses dimensions.

- 85. Capacité des accumulateurs. — Un autre facteur inter-
vient dans l'emploi des accumulateurs, c'est la *capacité*,
c'est-à-dire la quantité d'électricité qu'ils sont susceptibles
d'emmagasiner ou plutôt de *restituer en service courant*.

La capacité d'un accumulateur varie également avec ses
dimensions, à peu près proportionnellement au poids du
plomb contenu dans les plaques qui le composent. On a
l'habitude de l'évaluer en ampères-heure (n° 19) : ainsi un
accumulateur ayant une capacité de 50 ampères-heure est
celui qui pourra fournir en service un courant de 1 ampère
pendant 50 heures (ou 5 ampères pendant 10 heures, par
exemple), en revenant après ce travail au point initial de
la charge.

En pratique, on peut compter en moyenne sur une capacité de 5 à 6 ampères-heure par kilogramme de plaques (poids total du plomb contenu dans les plaques positives et négatives). En tout cas, les indications des fournisseurs renseignent sur le poids des plaques et la capacité pour chaque type qu'ils construisent.

86. Résistance intérieure des accumulateurs. — La résistance intérieure d'un accumulateur est très faible, et d'autant plus faible que l'élément présente une plus grande surface. En pratique, on peut appliquer la formule suivante :

$$\rho = \frac{0,08}{P}$$

dans laquelle les lettres désignent :

ρ la résistance intérieure exprimée en ohms ;

P le poids total des plaques en kilogrammes.

87. Charge des accumulateurs. — Au début de la charge, les accumulateurs neufs présentent une grande instabilité; ils se déchargent très vite et leur rendement est très faible. Pour pouvoir les utiliser pratiquement, il est utile de leur faire subir l'opération appelée *formation*.

88. Formation des accumulateurs. — Il faut commencer par faire passer dans l'accumulateur, pendant trente à quarante heures, toujours dans le même sens, un courant ayant une intensité voisine de 0,7 ampère par kilogramme de plaques.

Si l'on observe avec un voltmètre la force électromotrice de l'élément, on constate qu'elle croît graduellement d'une façon à peu près uniforme jusqu'à 2,05 volts, où elle s'arrête longtemps, puis elle croît très lentement jusqu'à 2,20 volts et remonte ensuite assez vite jusqu'à un maximum de 2,40 ou 2,45 volts qu'elle ne dépasse jamais.

2***

A ce moment, l'accumulateur est formé et peut être utilisé; la courbe ci-dessous (fig. 26) représente à peu près
les conditions de la charge, les temps étant portés en abscisses et les volts en ordonnées.

Si l'on examine la solution liquide pendant la charge,
on voit que lorsque la tension atteint 2,20 volts, des petites
bulles de gaz s'échappent à la surface du bain ; plus on

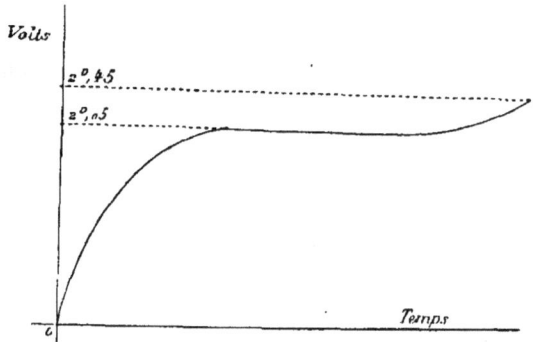

Fig. 26.

pousse la charge, plus les bulles deviennent nombreuses ;
lorsque la tension croît de 2,20 à 2,40 volts, dans la dernière période de la charge, l'effervescence devient telle
que le liquide finit par paraître laiteux. On dit, mais im-
proprement, que le liquide *bout*.

Enfin, si l'on mesure avec un aréomètre le degré de la
solution acide, on constate que sa densité croît constamment avec la charge jusqu'à un maximum de 24 à 25°
Beaumé.

Ces trois indications : force électromotrice de 2,40 à
2,45 volts, — ébullition du liquide, — élévation de sa
densité à 24 ou 25° Beaumé, sont caractéristiques de la
charge complète. L'accumulateur est alors *formé*.

89. Remarque sur la mesure de la force électromotrice. —
Lorsqu'on mesure la force électromotrice d'un accumulateur avec un voltmètre, il faut avoir soin d'interrompre
la communication avec la source d'électricité, sans cela on
obtient des indications beaucoup trop élevées.

Par la pratique, on arrive à faire cette lecture sans
rompre le circuit ; après avoir observé plusieurs fois le
voltage en marche, on finit par savoir qu'une tension de
70 volts, par exemple, obtenue lorsque le circuit est fermé
sur la dynamo, correspond à 60 volts en circuit ouvert ;
mais cette chute de pression varie dans chaque cas particulier, et les chiffres indiqués plus haut se rappor-
tent à la force électromotrice lue lorsque le circuit est
ouvert.

L'accumulateur étant formé, on peut s'en servir couramment, en prenant les précautions que nous allons indiquer pour la décharge et la charge.

90. Charge normale. — Pour charger un accumulateur en
service normal, il faut y faire passer un courant dont
l'intensité *maxima* est indiquée par le constructeur dans
chaque cas particulier. En général, on peut compter sur
un courant de 0,7 à 1 ampère par kilogramme de plaques.
Au delà de cette dernière intensité, l'accumulateur se fatigue ; son rendement est moins élevé et son usure plus rapide. Il est bon de diminuer graduellement l'intensité vers
la fin de la charge.

Par exemple, pour charger un accumulateur de 10 kilogs., il faudra y faire passer un courant de 8 à 10 ampères
au commencement de la charge, et l'abaisser vers la fin
à 6 ou 7 ampères. On arrive facilement à régler l'intensité
à l'aide de deux rhéostats introduits, l'un dans la dérivation de la dynamo, l'autre dans la ligne, ce dernier inter-
venant quand on ne peut pas diminuer suffisamment

l'intensité en intercalant dans le shunt toutes les spires du rhéostat de la dynamo.

Bien entendu, ce chiffre de 7 à 10 ampères s'applique aussi bien à une batterie d'accumulateurs disposés en *série* qu'à un seul élément, d'après la remarque du n° 7, puisqu'il passe la même quantité d'électricité dans chaque portion de la canalisation considérée, et par suite dans chaque accumulateur de la série.

Dans ces conditions, la force électromotrice de l'accumulateur suit la même marche que pendant la dernière partie de la formation ; mais, comme nous allons le voir, au lieu de partir de 0, la courbe des tensions part de 1,80 ou 1,90 volts pour arriver à 2,40 ou 2,45 volts.

On reconnaît que l'accumulateur est chargé par les trois caractères indiqués plus haut. On en est d'abord averti par l'intensité de l'ébullition ; on examine ensuite la force électromotrice, et l'on peut considérer que la batterie est pratiquement chargée lorsque la tension atteint

$$n \times 2,30 \text{ à } 2,35 \text{ volts}$$

pour une série de n accumulateurs. Il est inutile de pousser la charge plus loin en service ordinaire.

91. Décharge. — Lorsqu'on décharge les accumulateurs, la force électromotrice baisse en observant une marche à peu près inverse de celle qu'elle suit pendant la charge, c'est-à-dire qu'elle s'abaisse presque immédiatement à 2,05 volts, où elle reste très longtemps, puis décroît d'une façon à peu près uniforme, comme l'indique la figure 27.

Il ne faut jamais laisser la force électromotrice d'un accumulateur descendre au-dessous de 1,80 volt ; en service courant, il est même préférable de ne pas l'abaisser au-dessous de 1,90 volt. Au delà de 1,80 volt, l'accumulateur se détériore rapidement, et son rendement diminue

beaucoup, à tel point que si, par suite d'un accident,
comme nous le verrons plus loin, la force électromotrice
d'un élément est descendue au-dessous de 1,40 ou 1,50
volt, il devient nécessaire de lui faire subir une nouvelle
formation.

L'intensité du courant fourni par un accumulateur
dépend de la résistance extérieure du circuit, et s'établit
d'après la loi d'Ohm. Plus on décharge lentement un

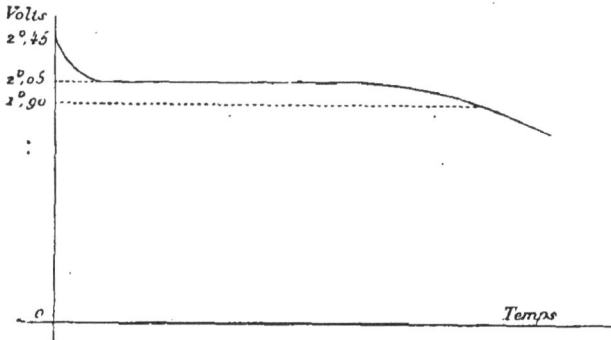

Fig. 27.

accumulateur, plus son rendement est considérable. Dans
chaque cas particulier, les constructeurs indiquent l'intensité *maxima* du courant que peut débiter un accumulateur
en service normal. En général, on compte sur 1 à 1,5 ampère par kilogramme de plaques. Ainsi un accumulateur
de 10 kilogs. (ou une série d'accumulateurs de 10 kilogs.)
peut fournir un courant de 8 à 10 ampères sans fatigue, et
au maximum de 15 ampères.

92. **Rendement des accumulateurs.** — Dans une bonne installation d'accumulateurs, le rendement peut atteindre
pratiquement 65 à 70 0/0. Le rendement en énergie (ou en
watts) est évidemment le produit de deux facteurs, le

rendement en force électromotrice et le rendement en intensité, d'après la formule

$$W = EI \quad (n^\bullet \ 32).$$

93. Rendement en force électromotrice. — Pour nous en rendre compte, prenons un exemple pratique. Supposons que nous chargions une batterie d'accumulateurs. Soient

n le nombre des éléments de la batterie,

ρ la résistance intérieure d'un accumulateur en ohms,

r la résistance de la ligne en ohms,

E la force électromotrice de la dynamo en volts,

e la force électromotrice d'un accumulateur en volts,

i l'intensité du courant de charge en ampères.

Nous aurons en appliquant la loi d'Ohm (n° 22) :

$$E - ne = i \, (r + n \, \rho)$$

Pratiquement, supposons que nous chargions 25 accumulateurs de 20 kilogs et que la résistance de la ligne r soit égale à **0,2** ohm, ce qui représente des conditions très admissibles.

D'après ce que nous avons vu (n° 86), la résistance intérieure d'un tel accumulateur est donnée par la formule :

$$\rho = \frac{0.08}{P} = \frac{0.08}{20} = 0,004 \text{ ohm.}$$

La force électromotrice moyenne e d'un élément pendant la charge est 2,10 volts (n° 90).

Admettons que l'intensité moyenne i du courant de charge soit de **0,8** ampère par kilogramme de plaque, soit 16 ampères (n° 90).

En remplaçant dans la formule les lettres par leur valeur, on obtient

$$E - 25 \times 2,10 = 16 \, (0,2 + 25 \times 0,004)$$

d'où $E = 57,30$ volts.

En moyenne, la force électromotrice de la dynamo sera donc de 57,30 volts.

Pendant la décharge, la force électromotrice moyenne de chaque élément est de 2,10 volts (n° 91). Celle de la batterie sera donc de

$$2,10 \times 25 = 52,50 \text{ volts.}$$

Le rendement en voltage sera par suite de

$$\frac{52,50 \times 100}{57,30} = 91 \text{ 0/0}$$

Pratiquement, lorsque l'installation est bonne, on peut compter sur un rendement de 85 à 90 pour 100.

94. Rendement en intensité. — Il est assez difficile de se rendre compte théoriquement du rendement en intensité, mais pratiquement, lorsqu'on charge et qu'on décharge un accumulateur dans les limites que nous avons indiquées, on obtient un rendement en intensité de 80 à 90 pour cent, c'est-à-dire que si l'on charge, par exemple, une batterie pendant 10 heures avec un courant de 16 ampères, de manière à lui envoyer 160 ampères-heure, on pourra recueillir de 128 à 144 ampères-heure en la *ramenant aux conditions initiales* de la charge.

95. Rendement en énergie. — Le rendement en énergie ou en travail est égal au produit des précédents. Il peut donc atteindre 70 ou 80 pour 100 dans les bonnes installations.

Nous avons admis dans les deux derniers paragraphes que les accumulateurs étaient chargés à refus et déchargés jusqu'à 1,90 volt. Le rendement reste à peu près le même lorsque la batterie reçoit une charge moins forte que sa charge maxima; dans certains cas, il peut même être avantageux, au point de vue du rendement, de ne pas pousser les charges à fond d'une façon permanente, si l'on peut s'en dispenser.

_ 96. Calcul de l'installation d'accumulateurs. — Le problème qu'on se pose en général est le suivant : on désire avoir un courant de e volts et de i ampères pendant n heures. Quelle batterie d'accumulateurs devra-t-on installer et quelle dynamo pourra charger ces accumulateurs ?

_ 97. Exemple. — Prenons un exemple pratique, qui pourra servir de guide dans tous les cas analogues :

Une batterie d'accumulateurs doit fournir un courant de 50 volts et 10 ampères pendant 12 heures. Quelles sont les meilleures conditions d'installation ?

⁻ 98. Choix des accumulateurs. — Si les 50 volts représentent le minimum du courant à obtenir, le courant minimum produit en service normal par chaque élément étant de 1,90 volt, il faudra une batterie de

$$\frac{50}{1,9} = 27 \text{ accumulateurs,}$$

disposés en _série_. Le courant de décharge fourni par ces 27 accumulateurs variera d'un maximum de

$$27 \times 2,3 = 62,1 \text{ volts}$$

à un minimum de

$$27 \times 1,9 = 51,3 \text{ volts (n° 91).}$$

Si cette inconstance du courant présente un inconvénient, on pourra rendre la différence de potentiel constante au moyen d'un rhéostat variable. On intercalera peu à peu dans le circuit, pendant la décharge, un nombre de spires du rhéostat de plus en plus faible, en réglant cette manœuvre d'après les indications d'un voltmètre indiquant la différence de potentiel entre les deux points où elle doit être égale aux 50 volts cherchés.

S'il s'agit au contraire d'un éclairage ordinaire, et si l'on demande simplement une force électromotrice

moyenne de 50 volts, chaque accumulateur donnant en
moyenne et pendant la plus grande partie de sa décharge
une force électromotrice de 2,05 volts, il suffira de

$$\frac{50}{2,05} = 24 \text{ accumulateurs en série.}$$

Pour obtenir un courant de 10 ampères pendant
12 heures, il faudra des éléments ayant une capacité de
120 ampères-heure, soit des éléments de 20 kilogs, à
raison de 6 ampères-heure par kilogramme de plaques
(n° 85). Pour être un peu au large, il serait préférable
de prendre des éléments de 25 kilogs.

Ces éléments donneront, sans aucune fatigue, à la
décharge, un courant de 10 ampères, correspondant à 0,4
ampère par kilogramme de plaques (n° 91).

Si, au contraire, il avait fallu un courant de 40 ampères
pendant 3 heures, ces mêmes éléments de 25 kilogs, bien
qu'ayant une capacité suffisante, auraient été un peu faibles, puisqu'ils auraient dû fournir à la décharge un courant de 1,6 ampère par kilogramme de plaques. Il serait
préférable, dans ce cas, de prendre des accumulateurs de
30 à 40 kilogs, suivant que les indications spéciales du
constructeur permettent de pousser plus ou moins vite la
décharge des éléments.

- **99. Calcul des constantes de la dynamo.** — Supposons qu'on
se soit décidé, d'après les circonstances, pour 24 accumulateurs de 20 kilogs. Le rendement en volts est de 85 à 90
pour 100 (n° 93); la force électromotrice maxima de la
batterie d'accumulateurs est de

$$24 \times 2,4 = 57,6 \text{ volts;}$$

la force électromotrice de la dynamo devra donc être au
moins égale à

$$\frac{57,6 \times 100}{85} = 68 \text{ volts.}$$

Le rendement en ampères étant de 80 à 90 pour 100 comme il est nécessaire d'accumuler 120 ampères-heure, la machine devra fournir

$$\frac{120 \times 100}{80} = 150 \text{ ampères-heure.}$$

Elle devra donc produire un courant de 10 ampères pendant 15 heures, ou de 15 ampères pendant 10 heures, ou au maximum de 20 ampères (limite maxima de la charge pour des accumulateurs de 20 kilogs [no 90]), pendant 7 heures 30 minutes.

Suivant le cas, il y aura lieu d'installer une dynamo de 70 volts et 10, 15 ou 20 ampères.

100. Autre problème. — Le problème de l'installation d'accumulateurs peut se présenter sous une autre forme : on possède une dynamo déterminée, qui est disponible un certain nombre d'heures de la journée; on demande la valeur maxima du travail qui pourra être emmagasiné dans des accumulateurs pendant ce laps de temps.

Par exemple, on peut employer une dynamo de 70 volts et 14 ampères pendant 6 heures par jour pour charger des accumulateurs. Quel courant pourront-ils fournir à la décharge ?

1° Le rendement en voltage étant de 85 à 90 pour cent (no 93), le maximum du courant de charge utilisable sera de

$$\frac{70 \times 85}{100} = 60 \text{ volts,}$$

et par suite on pourra charger

$$\frac{60}{2,4} = 25 \text{ accumulateurs ;}$$

le courant de décharge variera d'un minimum de

$$25 \times 1,9 = 47,5 \text{ volts}$$

à un maximum de

$$25 \times 2,4 = 60 \text{ volts};$$

mais pendant la majeure partie de la décharge, on aura un courant de

$$25 \times 2,05 = 51,25 \text{ volts}.$$

2° La machine produit en 6 heures

$$6 \times 14 = 84 \text{ ampères-heure}.$$

Le rendement de la batterie variant entre 80 et 90 pour 100, on pourra compter sur une accumulation de

$$\frac{84 \times 80}{100} = 67 \text{ ampères-heure};$$

l'intensité du courant de charge étant de 14 ampères, il sera bon d'employer des accumulateurs de 20 kilogs, à raison de 0,7 ampère par kilogramme de plaques (n° 90) à la charge.

La batterie pourra fournir à la décharge un courant de 67 ampères-heure, décomposable en 6,7 ampères pendant 10 heures, ou 10 ampères pendant 6 heures 40 minutes, ou 20 ampères pendant 3 heures 20 minutes.

Les autres problèmes qui peuvent se poser pour une installation d'accumulateurs se résolvent d'une façon analogue, en adoptant les mêmes coefficients.

101. Règles pratiques à suivre pour l'entretien des accumulateurs. — Lorsqu'on met une batterie d'accumulateurs en service, il faut surveiller chaque élément avec soin pendant les premiers jours, afin de voir si aucune anomalie particulière ne se produit. Les instruments de mesure qui doivent accompagner toute batterie d'accumulateurs sont les suivants :

1° Un voltmètre assez puissant pour mesurer la tension

totale de la batterie, et placé en dérivation sur le circuit (n° 68).

2° Un petit voltmètre très sensible, gradué en dixième de 0 à 3 volts, permettant de mesurer exactement la force électromotrice de chaque élément. Deux longs fils partent des bornes de ce voltmètre et peuvent s'adapter rapidement avec une petite pince à ressort aux pôles de chaque élément pendant qu'on fait la lecture.

3° Un ampèremètre.

4° Un aréomètre Beaumé. Pour lire facilement le degré de l'acide de l'un des bacs, on peut employer le petit instrument très simple représenté figure 28. L'aréomètre est enfermé sans frottement dans un gros tube de verre fermé à chacune de ses extrémités par un bouchon de caoutchouc. Chaque bouchon est traversé par un petit tube de verre muni d'un tuyau de caoutchouc. Pour faire une lecture, on plonge le caoutchouc inférieur dans le bac et l'on aspire avec la bouche de l'autre côté jusqu'au moment où l'on a suffisamment d'acide pour faire flotter l'aréomètre. On opère ainsi très rapidement.

En général, dans les premiers jours, tout fonctionne bien. Si parfois un accumulateur présentait quelque chose d'anormal, il faudrait le mettre « hors circuit », c'est-à-dire le retirer de la batterie, et le traiter comme nous l'indiquerons plus loin. Les seuls accidents que l'on constate assez fréquemment au commencement d'une installation, sont des fuites qui se manifestent dans les bacs. Il faut enlever l'un après l'autre du circuit les éléments percés, les vider, les démonter et réparer les bacs ; on les remet ensuite en service.

Il est bon, dans les premiers jours, de toucher de temps en temps avec la main les contacts des connexions. S'il s'y manifeste une élévation de température, c'est que les communications ou les soudures sont mal établies : il faut alors les vérifier.

102. Accumulateurs supplémentaires. — Lorsqu'on enlève

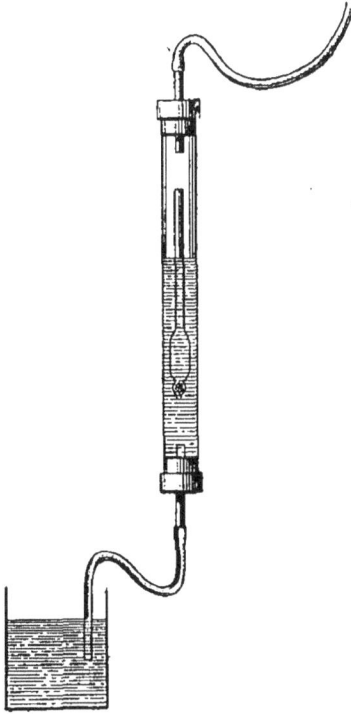

Fig. 28.

un élément du circuit pour le réparer, il ne faut pas songer à déplacer tous les autres pour reconstituer la série continue; on relie les deux pôles voisins, sans les déranger, par un fil ou une barre d'un diamètre suffisant ; mais pendant la réparation de l'accumulateur, on peut se trouver gêné si l'on tient à conserver une force électromotrice

déterminée. Aussi est-il bon d'avoir toujours un ou deux
accumulateurs de plus que le nombre strictement nécessaire. En général, la dynamo pourra les charger, puisqu'on lui demande une simple augmentation de force
électromotrice sans changement dans l'intensité (n°ˢ 58 et
62). Au besoin, on la fait tourner un peu plus vite. Lorsqu'un accumulateur est avarié, on le remplace rapidement par un de ces éléments supplémentaires, et l'on peut
ainsi marcher normalement.

Il faut toujours que ces accumulateurs supplémentaires
soient chargés. Pour y arriver, il suffit de les intercaler
dans le circuit de temps en temps, une fois tous les huit
ou quinze jours, par exemple, en les retirant, bien entendu,
dans les périodes de décharge. Il existe pour cela des
commutateurs très commodes, à plusieurs directions, permettant de faire ces petites manœuvres avec un seul coup
de manette.

103. Régime normal d'une batterie. — En suivant attentivement les accumulateurs pendant les premiers jours de
l'installation, on arrive très facilement à se rendre compte
du rendement et du régime normal de la batterie ; on est
d'ailleurs guidé par les calculs précédents qui donnent une
idée approximative de ce qu'on peut lui demander. En se
basant sur ces indications, on doit, en la chargeant et la
déchargeant chaque jour avec les intensités voulues et
pendant les nombres d'heures fixés, revenir tous les
matins au même voltage total. Si le voltage baisse et finit
par arriver au-dessous de 1,90 volt par élément, c'est qu'on
épuise la batterie : il faut la charger pendant plus longtemps
ou la décharger moins. Si au contraire le voltage monte,
c'est qu'on peut la décharger plus longtemps ou la charger moins longtemps. Après de bien petits tâtonnements,
on arrive en général à l'établissement du régime normal.

Lorsqu'on y est parvenu, deux indications donnent l'assurance du fonctionnement régulier de tous les éléments :

1° Le liquide doit se mettre à bouillir, à peu près au même moment, dans tous les accumulateurs, lorsque la tension atteint 2,20 volts par élément.

2° Tous les jours, après la décharge, la force électromotrice totale doit être la même que la veille, si l'on n'a pas forcé volontairement la décharge de la batterie pour une cause accidentelle.

104. Accidents qui peuvent se produire pendant la marche. — Dès que l'on constate une irrégularité dans la marche d'une batterie, si, par exemple, la tension vient à descendre plusieurs jours de suite, sans cause apparente, au-dessous du chiffre habituel, il faut s'en inquiéter et regarder de près tous les éléments. On a alors recours au petit voltmètre de 0 à 3 volts dont nous avons parlé, et on lit (en dehors des périodes de charge et de décharge, d'après la remarque faite au n° 89) la force électromotrice qu'il indique pour *chaque* élément pris isolément. On trouve alors en général un élément dont la tension tombe au-dessous de 1,80 volt après la décharge, et monte difficilement pendant la charge.

Cela tient à ce qu'il s'est produit, soit une fuite établissant une mauvaise communication qu'il est alors facile de faire disparaître en vérifiant l'étanchéité du bac, soit un *court-circuit* dans l'intérieur de l'élément (n° 80) par suite d'une déformation des plaques ou d'une boursouflure de la pâte. Dans ces conditions, l'accumulateur se décharge peu à peu par le circuit ainsi formé dans l'élément, et cette décharge lente fait baisser la force électromotrice à un tel point que si l'on n'y a pas prêté attention pendant plusieurs jours, l'élément ne donne plus aucune force électromotrice et ne peut plus se charger. On dit qu'il est *mort*.

Lorsqu'on s'aperçoit à temps d'un court-circuit, c'est-à-dire lorsque la décharge ne fait pas tomber l'élément sensiblement au-dessous de 1,80 volt, il suffit de redresser les plaques qui peuvent être déformées ; on y arrive facilement à l'aide de deux morceaux de bois dur taillés en coins, qu'on introduit de force entre les plaques de manière à les rendre planes. On passe ensuite, dans chaque intervalle compris entre deux plaques successives, une petite latte de bois dur de manière à balayer les boursouflures qui auraient pu se produire. On vérifie le degré de l'acide avec l'instrument dont nous avons parlé (n° 101) et on le ramène au point voulu, le cas échéant, par l'addition d'eau pure ou d'acide concentré. On peut ensuite remettre l'élément dans le circuit sans inconvénient : il se reforme de lui-même.

Mais lorsque l'élément est mort ou quand on a laissé tomber la force électromotrice à une valeur trop faible, l'opération est plus délicate et il faut prendre des précautions spéciales. On commence par mettre l'accumulateur hors circuit et le remplacer par un des accumulateurs de secours dont nous avons signalé l'utilité (n° 102). On redresse ensuite les plaques déformées et on balaye les boursouflures comme il est dit plus haut ; il est généralement utile de vider le bac (au cas où l'acide est descendu au-dessous de 16° ou 17°) et de le remplir d'acide neuf. Lorsque l'élément est remonté et nettoyé, on le place à l'extrémité de la batterie, et on lui fait subir une nouvelle formation (n° 88). Pour cela, on a recours au commutateur à plusieurs directions dont il a été parlé (n° 102) ; on intercale tous les jours l'élément dans la série pendant la période de charge, et on le retire pendant la décharge, jusqu'au moment où il est complètement formé. Cette opération doit en général être poursuivie pendant quarante ou cinquante heures de charge effective. Quand on juge,

d'après la force électromotrice et d'après l'ébullition du
liquide, que l'élément est de nouveau en bon état, on le
laisse dans la batterie pendant la décharge. Le lendemain,
si sa force électromotrice n'est pas descendue plus bas
que celle des autres, l'accident est bien réparé et on peut
remettre l'accumulateur à sa place. Sinon, on le décharge
seulement un jour sur deux ou un jour sur trois jusqu'au
moment où son régime est devenu semblable à celui des
autres.

Lorsqu'en cherchant les causes d'un abaissement de
force électromotrice de la batterie, on ne reconnaît rien
d'anormal dans un accumulateur isolé, il faut examiner la
densité de l'acide de chaque accumulateur et la ramener
à 20° (avant la charge), si l'on constate que ce chiffre est
dépassé ou n'est plus atteint.

Si tout cela ne suffit pas, il faut passer la baguette de
bois entre les plaques dans tous les accumulateurs : l'affai-
blissement de la force électromotrice doit alors provenir
d'une légère détérioration générale des plaques ayant
déterminé des boursouflures qu'on fait ainsi disparaître.

L'observation minutieuse de tous ces détails permet
de remédier à tous les accidents qui se produisent dans
l'emploi des accumulateurs. En service normal, il suffit
d'observer les précautions suivantes :

105. Remplissage des bacs. — L'ébullition qui se produit
pendant la charge provient d'une décomposition partielle
de l'eau, accompagnée de projections de gouttelettes d'eau
acidulée, de sorte que le niveau de l'eau des bacs s'abaisse
lentement et graduellement. Il faut environ une fois par
semaine ramener le niveau de l'eau acidulée à celui
qu'elle avait primitivement, en ajoutant dans les éléments
une quantité suffisante d'acide à 20°. Cette addition doit
se faire quand les accumulateurs sont chargés.

Mais, au bout d'un certain temps, le liquide se con-
centre trop ; aussi est-il nécessaire de vérifier de temps
en temps le degré de l'acide des éléments avant la charge.
On note ceux dans lesquels la solution est trop concen-
trée, et, à la prochaine addition de liquide, il faut employer de l'eau pure jusqu'au moment où le degré est
revenu à son chiffre normal.

106. Nettoyage. — Tous les deux mois environ, il est
bon de passer une baguette de bois entre les plaques
pour les nettoyer, même si l'on n'est pas obligé de le faire
pour l'un des motifs que nous avons indiqués.

Tous les six mois, il faut vider complètement les accumulateurs, les démonter sans toutefois défaire les soudures, laver les plaques avec une brosse douce trempée
dans une solution d'acide vieux, les remonter et les remplir d'acide neuf.

107. Repos de la batterie. — Lorsqu'un accumulateur est
abandonné à lui-même, il se décharge peu à peu, et au
bout d'un temps assez long, il finit même par se décharger totalement. Afin de l'éviter, si l'on ne doit pas se servir d'une batterie pendant une longue période, il faut la
charger complètement et la recharger chaque fois que la
force électromotrice descend au-dessous de 1,90 volt par
élément. En général, une bonne charge complète par mois
suffit pour entretenir une batterie en état.

108. Usure et remplacement des plaques. — En prenant
toutes les précautions indiquées pour le service et l'entretien d'une batterie, on parvient à la conserver très longtemps sans y apporter de modifications. Toutefois, au
bout d'un certain temps d'usage, la pâte de sulfate de
plomb interposée dans les grillages des plaques tombe peu
à peu, les plaques finissent par se dégarnir complètement

et il est nécessaire de les remplacer ; on s'en aperçoit lorsqu'on démonte les accumulateurs pour les nettoyer. On détache alors les plaques mauvaises à l'endroit de leur jonction avec les connexions, et on les remplace par des plaques neuves, en ayant soin de refaire de bonnes soudures.

Les plaques positives s'usent beaucoup plus que les plaques négatives, et il est nécessaire de les renouveler plus souvent.

Une batterie d'accumulateurs ainsi entretenue et réparée peut durer indéfiniment, en exigeant toutefois une dépense annuelle assez considérable, qui peut être évaluée à 15 pour 100 du prix d'achat.

109. Accumulateurs à formation directe. — Tout ce que nous venons de dire s'applique surtout aux accumulateurs à formation artificielle, préparés comme nous l'avons vu n° 78 par l'application mécanique de pastilles de pâte de formes variées dans des grillages conducteurs.

L'avantage des accumulateurs ainsi fabriqués est de n'exiger qu'une formation de 30 ou 40 heures (n° 88), tandis que les accumulateurs du genre Planté, à formation directe par l'électrolyse, demandent des milliers d'heures pour acquérir une capacité d'emmagasinement comparable, à poids égal de plomb.

On a proposé deux ou trois procédés pour activer la formation de ce dernier genre d'accumulateurs ; mais malgré cela ils sont encore peu utilisés dans la pratique, et les accumulateurs à formation artificielle sont aujourd'hui presque universellement employés, malgré les très grands avantages qu'on pourrait retirer de l'application des accumulateurs à formation directe.

Nous allons examiner rapidement les différences qui existent entre ces deux genres d'accumulateurs, aux points

de vue de l'entretien, de la capacité et de la décharge, les
autres conditions de leur emploi étant à peu près identiques.

110. Entretien. — Nous avons vu (n° 108) que dans les
accumulateurs à formation artificielle, les pastilles de
pâte, en se gonflant et se dégonflant continuellement,
finissent par se détacher du quadrillage qui leur sert de
support et qu'on est alors obligé de remplacer les plaques.
Ce défaut est surtout sensible lorsque les éléments sont
soumis à des changements de place et à des trépidations,
par exemple pour les batteries destinées à la traction des
tramways ou à l'éclairage des trains ; il acquiert alors
une telle intensité qu'on n'a pas encore trouvé de solution
vraiment pratique et économique dans cet ordre d'idées.

Dans les accumulateurs à formation directe, au contraire, la matière active est beaucoup plus adhérente, et
elle se renouvelle constamment au détriment de la lame
de plomb servant de support, de sorte qu'on parvient à
utiliser complètement le métal des plaques avant qu'elles
ne soient hors de service, ce qui exige un temps très
long.

111. Capacité. — Par suite de l'attaque successive du
support de plomb par l'action du courant, les accumulateurs à action directe poursuivent indéfiniment leur formation, et leur capacité s'accroît toujours. Une fois formés,
ils donnent donc de meilleurs résultats, à poids égal de
plomb, que ceux de l'autre système.

112. Décharge. — Enfin, à la décharge, les accumulateurs
a formation directe sont susceptibles de fournir, sans se
détériorer, un courant d'une intensité de 2 ou 3 ampères-
heure par kilogramme de plaques, tandis que la décharge
des autres est limitée à 1 ampère ou 1,5 ampère, sous peine
de déterioration rapide.

113. Autres genres d'accumulateurs. — On a essayé et mis en service d'autres genres d'accumulateurs, dans lesquels on a fait varier la disposition des électrodes, en remplaçant les plaques par des fils ou des agglomérations ayant des formes variées.

On a construit également des éléments où le plomb est remplacé par du zinc, du cuivre, ou d'autres métaux.

De nombreux électriciens cherchent à améliorer le rendement des accumulateurs actuels, qui sont certainement susceptibles de perfectionnements, mais leurs essais n'ont pas encore été sanctionnés par les résultats d'une longue pratique ; aussi nous ne les examinerons pas en détail, et nous renverrons aux traités particuliers les lecteurs désireux d'avoir des renseignements plus circonstanciés sur ces questions spéciales.

114. Emploi d'accumulateurs comme volants d'électricité. — On a souvent dit et écrit que les accumulateurs constituent une source précieuse d'électricité, en cas d'arrêt forcé d'une dynamo. L'emploi d'une batterie d'accumulateurs comme volant est limité à des cas tout particuliers, et en général il est très compliqué de se servir des accumulateurs pour cet usage.

Nous avons vu en effet au n° 91 que lors de la décharge d'une batterie, la force électromotrice des éléments tombe presque immédiatement à 2,05 volts, tandis que la source d'électricité qui sert à les charger doit avoir une force électromotrice minima de 2,50 volts par élément. Si, par exemple, une dynamo de 100 volts charge une batterie d'accumulateurs, le courant recueilli aux bornes de la batterie ne sera que de 84 volts quelques instants après le commencement de la décharge de la batterie.

Pour pouvoir employer des accumulateurs comme volants, il est par suite nécessaire d'effectuer un travail admettant des régimes de courant différents, ce qui est la très grande minorité des cas. Lorsqu'il s'agit de lumière électrique en particulier, cette solution est tout à fait inadmissible.

On a proposé plusieurs moyens pour parer à cet inconvénient : le premier consiste à faire tourner la dynamo à deux vitesses différentes, lentement pour l'éclairage direct, plus vite pour la charge des accumulateurs. Nous avons vu en effet (n° 49) que la force électromotrice du courant engendré par une dynamo est sensiblement proportionnelle à la vitesse de la machine. Ce procédé laisse à désirer, car si la dynamo est construite de manière à tourner à une certaine vitesse pour la charge des accumulateurs, son rendement sera diminué lorsqu'elle marchera plus lentement au moment de l'éclairage direct.

Un deuxième procédé consiste à caler sur un même arbre deux induits inégaux tournant entre les pôles des électros. Pour l'éclairage direct, la communication du plus petit induit avec le collecteur est interrompue par un commutateur et l'induit principal produit seul un courant. Pour la charge des accumulateurs, au contraire, les deux induits sont accouplés en série, et le courant produit possède une force électromotrice plus élevée. Cette solution est meilleure, car en établissant convenablement les deux portions de l'induit, on peut obtenir le rapport que l'on désire entre les forces électromotrices de la dynamo dans les deux régimes de marche.

On peut encore avoir des accumulateurs supplémentaires qu'on intercale à la suite de la batterie dans le circuit quand la dynamo cesse son action ; dans ce cas, il faut charger ces accumulateurs supplémentaires indépendamment des autres, et le moyen le plus simple consiste à brancher la canalisation de lumière en dérivation sur une partie seulement des éléments de la batterie, les accu-

mulateurs supplémentaires étant introduits automatiquement dans le circuit au moment de l'arrêt de la
dynamo.

Il est également possible d'installer, pendant la marche
de la dynamo seulement, un jeu convenable de résistances,
faisant partie du circuit, et établissant par suite une perte
de charge artificielle correspondante à la différence de
force électromotrice développée pendant la marche de la
machine d'une part, et lorsque les accumulateurs fournissent seuls le courant d'autre part.

Mais, en général, avec les dynamos ordinaires, tournant
à une vitesse déterminée, il est impossible de se servir des
accumulateurs comme volants d'électricité, à moins d'avoir
deux circuits d'utilisation distincts, l'un relatif au voltage
de la dynamo et l'autre spécialement établi pour le voltage
des accumulateurs, ou de prendre des dispositifs analogues
à ceux que nous venons d'indiquer.

Tous ces procédés sont fort coûteux et provoquent une
perte d'énergie très notable, comme il est facile de s'en
rendre compte. Ils ne sont employés que lorsqu'on ne peut
pas faire autrement, dans certaines installations d'éclairage de trains, par exemple.

**115. Augmentation de puissance d'une batterie d'accumula-
teurs.** — Lorsqu'on installe une batterie d'accumulateurs, il
est toujours préférable de lui prévoir des dimensions plus
fortes que celles qui sont théoriquement nécessaires à la
production du débit dont on a besoin pour alimenter la
canalisation qu'elle doit desservir. Si l'on veut ajouter
ensuite quelques lampes supplémentaires, on peut alors le
faire sans inconvénient, à condition de ne pas dépasser
les limites que nous avons fixées.

Le rendement des accumulateurs est en effet aussi bon
lorsqu'on n'utilise pas leur capacité totale que lorsqu'on les

fait fonctionner à pleine marche. Il est même meilleur
dans certaines limites.

Il peut arriver qu'on soit conduit, par suite d'installations nouvelles, à demander à une batterie d'accumulateurs plus de courant qu'elle ne peut en fournir sans danger pour sa bonne conservation. Il faut dans ce cas installer
une deuxiéme batterie semblable à la première et lui cons-
tituer un réseau spécial. Si toutefois les conducteurs principaux de la canalisation sont suffisants pour livrer passage à un courant égal à celui que devront fournir les deux
batteries réunies, il peut y avoir intérêt, au point de vue
de l'économie des fils, à réunir en quantité les deux séries
d'accumulateurs, comme on l'a vu pour les dynamos
(n° 73).

Cette réunion peut se faire sans aucune difficulté et sans
diminution dans le rendement des appareils. Il faut seulement prendre certaines précautions spéciales au moment
de la mise en service de la nouvelle batterie.

116. Accouplement en quantité. — Pour associer en quantité deux séries d'accumulateurs, il faut, comme nous
l'avons vu (n° 36), réunir ensemble d'une part les pôles positifs et d'autre part les pôles négatifs extrêmes, et les
mettre en communication respectivement avec le fil positif et le fil négatif de la dynamo.

Si l'on mettait immédiatement en contact, sans précaution, les pôles positifs et les pôles négatifs extrêmes des
séries d'accumulateurs, comme l'indique la figure 29, la
batterie la plus ancienne, par exemple celle qui porte le
n° 1, ayant par elle-même une force électromotrice assez
élevée, chargerait immédiatement la batterie n° 2. A son
action viendrait se joindre le courant de la dynamo qui se
répartit à peu près également entre les deux batteries. Or
la résistance du circuit formé par les deux batteries d'ac-

cumulateurs est très faible et tout au plus égale à 0,5 ohm
pour deux batteries de 26 éléments de 10 kilogs, par exemple (nᵒ 86), y compris la résistance des fils qui les relient.
Les accumulateurs de la série nᵒ 1 ont à la décharge une
force électromotrice de 1,9 volt chacun, soit 49,4 volts
pour les 26. En admettant même que les plaques de ceux
de la série nᵒ 2 aient été soumises à l'opération de la for-

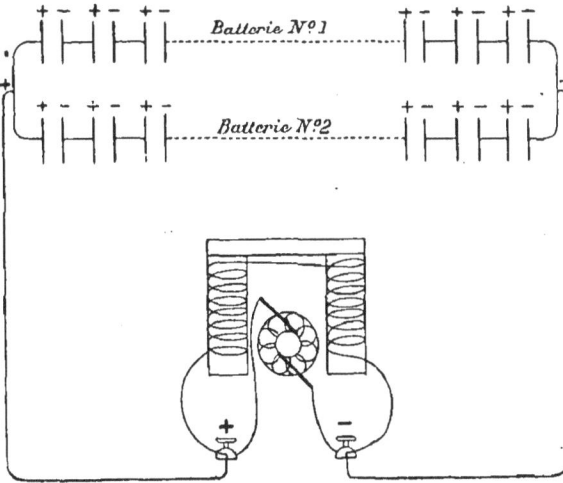

Fig. 29.

mation avant le montage, quand celui-ci est terminé, les
accumulateurs ne possèdent guère plus qu'une force électromotrice de 1,4 volt chacun, soit 36,4 volts pour l'ensemble de la batterie. En appliquant au circuit formé par les
deux batteries la loi d'Ohm (nᵒ 22), on obtient

$$49,4 - 36,4 = i \times 0,5$$

d'où

$$i = 26 \text{ ampères.}$$

On voit par là que la batterie nᵒ 1 se déchargerait très

rapidement dans la batterie n° 2, en donnant naissance à
un courant susceptible de détériorer à la fois les deux batteries, jusqu'au moment où un certain équilibre serait
obtenu. Le courant de charge provenant de la dynamo ne
ferait qu'ajouter à la précédente une action nuisible au
point de vue de la batterie nouvelle n° 2.

Afin d'éviter ces inconvénients, il ne faut mettre en communication les pôles des deux batteries qu'au moment où
la première n'est plus susceptible de se décharger brusquement en envoyant dans la seconde un courant trop
intense. Pour y arriver, on se sert d'un commutateur à
trois directions permettant d'envoyer le courant de la
dynamo à volonté soit dans l'une, soit dans l'autre des
deux batteries, soit dans les deux à la fois, et on commence par les charger séparément.

On charge une partie de la journée le n° 1 et on s'en sert
ensuite pour l'éclairage comme d'habitude, en réservant
tout le temps disponible pour la charge de la batterie n° 2,
afin de l'amener aussi vite que possible à une tension
assez forte pour pouvoir l'accoupler au n° 1. Quand on croit
être parvenu à ce point, on tourne le commutateur de manière à charger ensemble les deux groupes, et l'on observe
séparément l'intensité des courants qui arrivent aux deux
batteries au moyen d'un ampèremètre intercalé alternativement dans les deux circuits ; si l'on voit que cette intensité est trop forte pour la batterie n° 2, on continue à la
charger séparément jusqu'au moment où l'on atteint une
valeur admissible. A partir de ce moment, on peut charger
les deux batteries à la fois. Au bout de très peu de temps,
le courant s'uniformise et il se partage également entre les
deux séries. Ainsi, dans l'exemple cité plus haut, de 2 batteries de 26 éléments de 10 kilogs, on pourrait réunir en
quantité les deux séries, dès que le courant passant dans
la batterie n° 2 ne dépasserait plus 10 ou 12 ampères.

Il peut arriver par suite d'irrégularités inexpliquées, soit
dans la résistance intérieure des éléments, soit dans celle
des fils qui réunissent leurs pôles extrêmes aux conducteurs de charge de la dynamo, que le courant ne se partage pas d'une façon rigoureusement égale, tout en ayant
des valeurs admissibles dans chaque série au point de vue
de la conservation des éléments. Pour égaliser cette différence, il suffit d'intercaler une résistance supplémentaire
dans le fil qui communique avec le pôle du groupe où passe
le courant le plus intense. On détermine cette résistance
supplémentaire d'après un calcul analogue à celui qui est
indiqué dans l'exemple du n° 29.

En prenant ces précautions très simples en pratique, on
obtient rapidement une bonne marche régulière des deux
batteries qui ont été groupées.

QUATRIÈME PARTIE

Distribution de l'électricité pour l'éclairage

CHAPITRE I.

PHOTOMÉTRIE.

117. Unités de lumière. Carcel. — Autrefois on se servait, pour se rendre compte de l'intensité lumineuse d'un foyer, d'un terme de comparaison appelé *carcel*. Le carcel, défini par Dumas et Regnault, a été la seule unité employée en France pendant un demi-siècle, et on y rapporte encore aujourd'hui la plupart des mesures lumineuses. C'est la quantité de lumière émise par une lampe brûlant à l'heure 42 grammes d'huile de colza pure, dans des conditions spéciales de dimensions, de longueur de flamme, etc.

118. Etalon de M. Violle. — La conférence internationale d'électricité a adopté, il y a une dizaine d'années, l'*étalon* de lumière proposé par M. Violle ; cette nouvelle unité d'intensité lumineuse est la quantité de lumière émise par 1 centimètre carré de platine fondu, à la température de solidification.

Cette unité pratique vaut environ 2 carcels (exactement 2,080 carcels).

119. Bougie décimale. — Pour mesurer des intensités lumineuses plus faibles, on se sert d'une unité plus petite, la *bougie décimale*, valant $\frac{1}{20}$ de l'étalon de M. Violle.

Il en résulte que le bec carcel vaut environ 10 bougies décimales.

120. Mesures étrangères. — Dans les pays étrangers, on emploie d'autres unités, par exemple la candle anglaise, et la kerze allemande, valant un peu moins d'une bougie décimale et demie ; mais ces étalons, définis par la combustion de bougies dans certaines conditions, sont bien moins fixes que les mesures françaises.

121. Unités pratiques. — En France, on désigne pratiquement les intensités lumineuses en carcels pour les foyers donnant une forte lumière, par exemple les lampes à arc, et en bougies décimales pour les becs moins puissants, tels que les lampes à incandescence.

Comme points de repère, on peut comparer l'éclat d'un carcel à celui d'un bec de gaz Bengel brûlant 105 litres à l'heure.

Une lampe à incandescence de 16 bougies éclaire à peu près autant qu'un bec Bengel brûlant 180 litres à l'heure.

La lumière émise par deux bougies stéariques ordinaires vaut environ trois bougies décimales.

122. Photomètres. — Pour évaluer l'intensité absolue du pouvoir éclairant d'un foyer, on le compare, en pratique, à une lampe bien étalonnée, dont l'intensité lumineuse est par suite bien connue.

L'éclairement produit par une lumière sur un écran est inversement proportionnel au carré de la distance du foyer à l'écran. Si donc deux lampes produisent un même éclairement sur un écran, leur pouvoir éclairant sera inversement proportionnel au carré de leur distance à la surface considérée. On se fonde sur cette propriété pour apprécier le rapport des intensités lumineuses de deux foyers, et l'on emploie à cet effet un petit appareil appelé *photomètre*. Le plus simple est le photomètre de Bunsen, qui se compose d'un écran en papier blanc placé entre les deux foyers à expérimenter et légèrement incliné par rapport à un plan perpendiculaire à la ligne qui joint leurs centres. On fait sur la feuille de papier trois petites taches d'huile, l'une au milieu, les deux autres de chaque côté, et on déplace l'écran jusqu'au moment où l'on ne voit plus la tache du milieu, tandis que les deux voisines paraissent l'une claire et l'autre sombre. A ce moment le centre de l'écran est également éclairé sur ses deux faces ; pour avoir le rapport des intensités lumineuses des deux lampes, il suffit de mesurer leurs distances au centre de l'écran, et d'élever au carré le quotient ainsi obtenu.

Pratiquement, on se sert dans un laboratoire, comme étalon, de la lampe à huile de Dumas et Regnault dont il a été question plus haut, et qui donne le carcel ; mais, pour des mesures extérieures, il est commode d'employer une petite lampe à incandescence alimentée par quelques accumulateurs d'un petit modèle. Comme nous l'avons vu, la force électromotrice des accumulateurs reste constante pendant une très grande partie de leur décharge. La lampe à incandescence aura donc très sensiblement le même éclat pendant toute cette période. On a soin, d'avance, d'étalonner au laboratoire la lampe, brûlant dans les conditions de l'expérience à effectuer, et l'on peut ensuite s'en servir comme terme de comparaison pour des mesures pratiques et rapides.

123. Eclairement. — En général, on exprime l'éclairement d'une surface en bougies-mètre : c'est la quantité de lumière répandue par un foyer ayant une intensité d'une bougie décimale et placé à un mètre de distance de l'écran à éclairer. Naturellement, pour produire un éclairement de n bougies-mètre, on pourra employer un foyer de n bougies placé à 1 mètre de distance, ou un foyer de $4n$ bougies placé à 2 mètres de distance, ou un foyer de $p^2 n$ bougies placé à p mètres de distance, puisque l'éclairement produit par une lampe sur un écran est inversement proportionnel au carré de son éloignement.

En pratique, pour éclairer suffisamment un panneau, une table de travail, etc., il faut environ un éclairage de 30 bougies-mètre ; pour qu'un local soit bien éclairé, il faut en un point quelconque de la salle un éclairage de 20 à 30 bougies-mètre. (M. Hospitalier.)

124. Emploi des foyers électriques. — On emploie généralement les lampes à incandescence pour les petites salles et les appartements, ou lorsqu'on veut éclairer certains points d'un plus grand local d'une façon toute spéciale, en laissant au restant de la pièce une lumière moins intense. On se sert au contraire des lampes à arc pour éclairer de grands espaces, des cours, des halles de chargement, de grands ateliers.

Nous verrons plus loin, aux chapitres qui traitent des lampes à incandescence et des lampes à arc, quelles sont les meilleures dispositions à adopter dans les différents cas où l'on utilise ces foyers lumineux.

CHAPITRE II

ÉCLAIRAGE PAR LAMPES A INCANDESCENCE.

125. Propriétés des lampes à incandescence. — Les *lampes à incandescence* sont, comme on le sait, formées par un fil de charbon emprisonné dans une ampoule de verre mince scellée dans un *culot* de terre réfractaire ou d'autre matière isolante. Les deux extrémités du charbon sont soudées à des fils de platine qui aboutissent à deux épanouissements métalliques affleurant la partie inférieure du culot.

On place les lampes dans des *douilles* en cuivre munies de deux contacts à ressorts, auxquels on attache les fils positif et négatif des conducteurs, de sorte qu'en mettant les lampes dans leurs douilles, les épanouissements des fils viennent toucher les contacts et que le courant peut s'établir. Il faut avoir soin, en introduisant les lampes dans les douilles, de ne pas trop presser sur l'ampoule de verre très mince, dans l'intérieur de laquelle le vide est fait, car elle se brise en miettes avec la plus grande facilité.

On construit les lampes à incandescence de manière à fournir une lumière déterminée lorsqu'on les fait traverser par un courant ayant une force électromotrice donnée aux bornes de la lampe. Ainsi, il existe des lampes graduées à peu près pour tous les voltages depuis 20 ou 30 volts jusqu'à 200 volts. Le filament de charbon est établi

ÉCLAIRAGE ÉLECTRIQUE.   3**

par le constructeur de manière à résister convenablement à l'intensité du courant qui le traverse d'une façon permanente.

On peut employer des lampes à incandescence aussi bien avec les courants alternatifs qu'avec les courants continus.

126. Energie employée pour l'éclairage par lampes à incandescence. — Les lampes à incandescence absorbent en général 3,5 watts par bougie. Ainsi une lampe de 16 bougies demandera

$$16 \times 3,5 = 56 \text{ watts en moyenne,}$$

ce chiffre variant très peu avec la force électromotrice du courant, dans les lampes de construction ordinaire. Par exemple, une lampe de 16 bougies alimentée par un courant de 70 volts absorbera

$$\frac{56}{70} = 0,8 \text{ ampère}$$

d'après la formule W = E I (n° 32). Si elle est alimentée par un courant de 50 volts, elle absorbera

$$\frac{56}{50} = 1,12 \text{ ampère.}$$

127. Résistance des lampes. — La résistance des lampes est déterminée par les conditions dans lesquelles elles doivent fonctionner. D'après la loi d'Ohm E = I R (n° 22), la résistance d'une lampe est le quotient de la force électromotrice par l'intensité du courant qui la traverse. Ainsi une lampe de 16 bougies, qui consomme 0,8 ampère lorsqu'elle est alimentée par un courant de 70 volts, présente *au rouge* une résistance égale à

$$\frac{70}{0,8} = 87,5 \text{ ohms.}$$

La résistance d'une lampe à froid est de beaucoup supérieure à celle de la même lampe à chaud ; elle peut atteindre une valeur égale à près du double de la précédente.

128. Variation du courant. Durée des lampes. — Lorsque la force électromotrice du courant qui alimente une lampe varie, l'intensité varie dans le même sens, puisque la résistance du fil est constante.

Si l'on part d'un courant nul, et qu'on l'augmente peu à

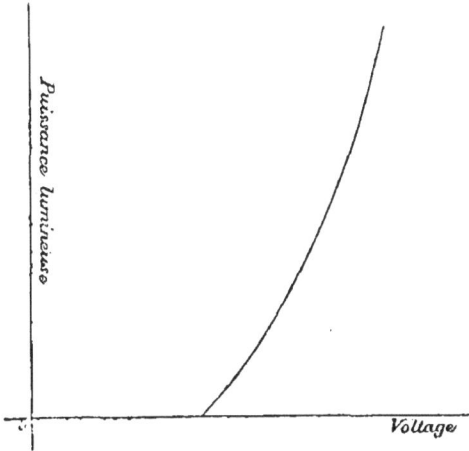

Fig. 30.

peu, le filament commence par rougir bien avant le moment où l'on atteint la force électromotrice indiquée pour la marche normale de la lampe; l'éclat du foyer augmente ensuite très rapidement et d'une façon continue avec la force électromotrice du courant. Si on dépasse la force électromotrice pour laquelle la lampe est construite, l'éclat augmente de plus en plus, comme l'indique la courbe de la figure 30, et dépasse très notablement le nombre de bougies indiqué, jusqu'au moment où le filament se rompt.

On peut donc, avec une lampe déterminée, obtenir une
intensité lumineuse très variable ; aussi faut-il se confor-
mer au voltage indiqué par le constructeur. On peut
admettre une différence de 1 à 2 pour 100 en plus ou en
moins sans grand inconvénient. Dans les conditions normales, une bonne lampe doit durer 1.000 heures au moins,
au bout desquelles le filament de charbon se casse brusquement, sans que ce fait ait été bien expliqué jusqu'ici. Si
l'on *force* une lampe, c'est-à-dire si l'on dépasse le voltage pour lequel elle est construite, on diminue beaucoup
sa durée, et inversement.

129. Intensité lumineuse des lampes. — L'intensité lumineuse d'une lampe de 16 bougies, la plus employée dans
la pratique, peut se comparer, d'après ce que nous avons
vu (n° 121), à celle d'un bec de gaz Beugel brûlant 180
litres à l'heure. — Une lampe de 10 bougies éclaire à
peu près autant qu'un bec papillon brûlant 120 litres à
l'heure.

130. Disposition et emploi des lampes. — D'après cela, on
emploiera pour éclairer une petite pièce ou des ateliers
une lampe de 16 ou de 10 bougies en remplacement d'un
bec Beugel ordinaire ou d'un petit bec papillon. Lorsqu'on
veut éclairer une grande pièce, on emploie plusieurs
lampes à incandescence réunies de manière à former un
lustre suspendu au milieu de la chambre ; pour de très
grandes salles, il vaut mieux diviser la lumière en répar-
tissant les lampes en plusieurs groupes, fixés en différents
points des murs.

Pour obtenir un bon éclairage, il faut que la somme
totale du nombre de bougies produites par les lampes à
incandescence contenues dans la pièce soit égale environ
à une fois et demie la surface de la salle exprimée en
mètres carrés.

Ainsi un salon de 7 mètres de longueur sur 6 mètres de largeur, soit de 42 mètres carrés, sera bien éclairé par 63 bougies, soit, par exemple, 4 lampes de 16 bougies ou 6 lampes de 10 bougies. On obtiendra le meilleur résultat en mettant au milieu de la pièce un lustre de 4 lampes de 10 bougies, et deux appliques de 10 bougies sur les murs, aux points que l'on a intérêt à éclairer d'une façon spéciale, près des glaces, par exemple.

Ces chiffres s'appliquent à des pièces de hauteur

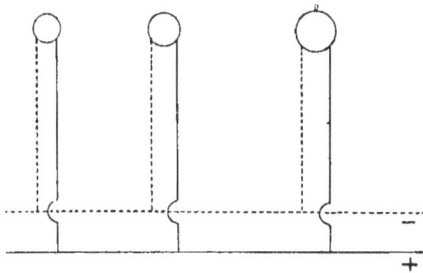

Fig. 31.

moyenne. S'il s'agissait d'éclairer des salles très hautes, il faudrait augmenter le nombre des lampes, en suivant toutefois une progression moins rapide que celle qui résulte de l'augmentation de la hauteur d'étages.

131. Montage des lampes en dérivation. — Les lampes à incandescence ne sont pas, en général, montées en série, car, à moins de précautions spéciales, l'extinction de l'une d'entre elles, coupant le circuit, entraîne l'extinction de toutes les autres. Lorsqu'on les monte en série, il faut y adapter un dispositif faisant passer, en cas de rupture du filament de charbon, le courant dans une résistance égale à celle de la lampe à chaud. Il existe aujourd'hui des dispositifs automatiques remplissant ce but et fonctionnant

3***

convenablement ; mais pour les petites installations, il vaut mieux monter les lampes en dérivation.

Pour réaliser ce montage, on fait filer deux conducteurs depuis la source d'électricité jusqu'à la dernière lampe, l'un partant de la borne positive, l'autre de la borne négative. Sur leur trajet, lorsqu'on veut poser une lampe, on branche un fil sur le conducteur positif, un autre sur le conducteur négatif, et on fixe leurs extrémités à la douille de la lampe. On continue ainsi jusqu'à l'extrémité de la conduite, comme l'indique la figure 31.

Lorsqu'il s'agit de distribuer la lumière à deux groupes de points éloignés l'un de l'autre dans des directions différentes, il est plus avantageux de séparer dès l'origine chaque conducteur principal en plusieurs conducteurs secondaires, sur lesquels on branche chaque lampe en dérivation, comme l'indique la figure 32. Son examen montre que chaque lampe est encore mise en dérivation sur la conduite générale partant des bornes de la source (n° 37).

On peut aussi mettre deux conducteurs principaux sur lesquels on installe en dérivation, en des points quelconques de leur trajet, des conducteurs secondaires alimentant des groupes de lampes également en dérivation.

Il est impossible de donner de règle fixe pour ces dispositions. On s'inspire dans chaque cas particulier des conditions locales, et on choisit le mode le plus économique d'après le poids des fils conducteurs, dont on calcule le diamètre comme nous allons l'indiquer.

132. Conducteurs nus ou isolés. — On emploie en général, pour les conducteurs, du cuivre rouge industriellement pur. Si le conducteur passe à l'air libre, sans pénétrer dans des appartements ou des ateliers, on peut employer sans inconvénient un fil nu ; généralement on prend du fil étamé, qui est à peu près inoxydable. Il faut isoler les fils

nus des murs par des supports munis d'isolateurs en porcelaine. Il est bon de terminer la partie inférieure des isolateurs par un angle vif, de manière à empêcher, en cas de
pluie, l'eau de remonter à l'intérieur de la cuvette et
d'établir une mauvaise communication avec le support.

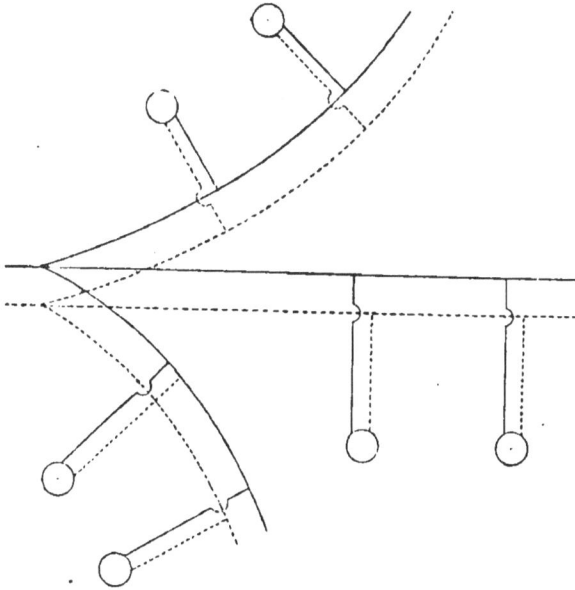

Fig. 32.

Si, au contraire, un conducteur passe à l'intérieur d'une
maison, il faut employer du fil de cuivre recouvert de
coton, de caoutchouc ou de gutta-percha; il est nécessaire
de se servir de fils d'autant mieux isolés qu'on peut les
atteindre plus facilement ou qu'ils sont plus sujets à des
chocs. Dans une usine, cette précaution de n'utiliser que
des fils isolés à l'intérieur des ateliers est tout à fait indispensable. Dans un appartement, non seulement on isole

les fils, mais on les fait passer en général dans des petits canaux creusés dans des moulures en bois. Ces moulures sont dissimulées dans les corniches des plafonds, dans les cadres des lambris, contre les chambranles des portes. La dissimulation des fils sous les moulures est surtout utile dans les endroits où ils sont à portée de la main; des enfants, des personnes inconscientes ou malveillantes seraient en effet susceptibles de les déranger et d'apporter ainsi une grande perturbation dans le service, indépendamment des accidents qui pourraient en résulter.

Lorsqu'une conduite doit passer sous terre ou dans l'eau, il faut se servir de fil bien isolé et recouvert d'une enveloppe de plomb.

On emploie du fil de cuivre jusqu'à un diamètre de 4 ou 5 millimètres; au delà, il vaut mieux utiliser des câbles, qui sont plus maniables et plus faciles à poser. On fait des câbles nus, plus ou moins isolés et sous plomb comme les fils ordinaires.

133. Limite maxima de l'intensité. — La perte de charge qui résulte du passage d'un courant dans un conducteur correspond à une perte d'énergie qui se transforme en chaleur, et il en résulte pour le fil une élévation de température susceptible de faire fondre les enduits isolants et même de provoquer des incendies.

La quantité de chaleur correspondant à un travail électrique déterminé, c'est-à-dire dans ce cas particulier à l'énergie électrique dépensée sous forme de chaleur, est proportionnelle au carré de l'intensité du courant et inversement proportionnelle à la section du conducteur. L'augmentation de température, résultant de cette transformation de l'énergie électrique en chaleur, serait très élevée si le fil était parfaitement isolé au point de vue calorifique. Heureusement les conducteurs perdent une grande partie de cette chaleur, d'une part par *rayonnement* vers les corps environnants, et d'autre part par *convection*, c'est-à-dire par transmission directe de chaleur à l'air ambiant.

On conçoit donc qu'un fil se refroidira d'autant plus vite qu'il est moins protégé, qu'il se trouve placé dans un milieu plus agité et qu'il est plus fin. Un fil nu, extérieur, se refroidira beaucoup plus vite qu'un fil recouvert et placé sous moulure.

Afin d'éviter qu'un fil ne s'échauffe outre mesure, on fixe une limite maxima à la valeur de l'intensité du courant qui doit le traverser. Cette intensité dépend du diamètre du conducteur et de son isolement. En pratique, il est prudent de se limiter aux chiffres suivants :

1° Fil nu extérieur.

DIAMÈTRES en mm	SECTIONS en mm 2	LIMITE SUPÉRIEURE DU COURANT	
		par mm 2	totale
0 à 5 mm	0 à 20 mm 2	6 ampères	0 à 120 ampères
5 à 10	20 à 80	4	120 à 320
10 à 15	80 à 180	3	320 à 540
au-dessus de 15	au-dessus de 180	2	au-dessus de 540

2° Fil intérieur isolé.

DIAMÈTRES en mm	SECTIONS en mm 2	LIMITE SUPÉRIEURE DU COURANT	
		par mm 2	totale
0 à 5 mm	0 à 20 mm 2	3 ampères	0 à 60 ampères
5 à 10	20 à 80	2	60 à 160
10 à 20	80 à 315	1,5	160 à 470
au-dessus de 20	au-dessus de 315	1	au-dessus de 470

Les limites indiquées par ces tableaux sont des limites supérieures pour le courant, et il arrive souvent dans la pratique qu'on se fixe des intensités maxima moins fortes que celles qui viennent d'être mentionnées.

Quand on a calculé une ligne par les considérations de perte de charge que nous verrons plus loin, il faut toujours vérifier que l'intensité dans chaque conducteur ne dépasse pas les limites ci-dessus.

—134. Calcul d'une installation de lampes à incandescence. — Pour établir un projet d'installation de lampes à incandescence, il faut d'abord faire un plan indiquant la position de chaque lampe, de manière à pouvoir calculer les longueurs des conducteurs, y compris les détours des fils, les longueurs employées pour rejoindre les commutateurs et interrupteurs, etc.

On choisit généralement comme données le voltage de la dynamo et celui des lampes, en admettant une perte de charge de 2 à 5 0|0 pour les petites installations. On en déduit l'intensité maxima du courant et les diamètres des conducteurs, comme nous allons le voir.

Le voltage de la dynamo est très variable, et absolument facultatif; nous indiquerons plus loin les considérations d'après lesquelles on le choisit.

Le calcul de l'établissement de toute distribution repose sur les deux principes suivants :

1° On détermine les conducteurs et les résistances intercalaires de manière à amener aux bornes des lampes un courant ayant une différence de potentiel égale à celle pour laquelle elles sont établies.

2° Les sections des fils doivent être suffisantes pour éviter que l'échauffement produit dans les conducteurs par le passage du courant n'atteigne une limite plus

élevée que celle qu'on peut admettre sans inconvénient
dans la pratique (n° 133).

135. Exemple d'éclairage par dynamo. — Pour simplifier,
supposons d'abord que nous n'ayons qu'une seule lampe
de 20 bougies, tarée à 100 volts (aux bornes de la lampe),
à allumer au moyen d'une dynamo marchant à 110 volts,
et que la longueur totale de fil soit de 150 mètres, aller
et retour, depuis les bornes de la dynamo jusqu'à la
lampe.

—136. Calcul de l'intensité du courant et du diamètre des fils.
— L'énergie absorbée par bougie est de 3,5 watts (n° 126).
Donc la lampe de 20 bougies absorbera

$$20 \times 3,5 = 70 \text{ watts} ;$$

la force électromotrice étant de 100 volts, l'intensité
nécessaire sera le quotient du nombre de watts par le
nombre de volts d'après la formule W = E I (n° 32).

$$I = \frac{70}{100} = 0,70 \text{ ampère.}$$

Appliquons la loi d'Ohm Σ E = Σ I R (n° 22) au circuit
formé par la dynamo, la ligne et la lampe. Le terme Σ E
comprend la force électromotrice de la machine, soit
110 volts ; plus la différence de potentiel absorbée par
la lampe, mais précédée du signe — (d'après la remarque
du n° 24), soit — 100 volts. Le terme Σ I R s'applique à la
ligne ; I est l'intensité du courant, soit, 0,70 ampère, et
R la résistance totale du fil. Nous avons par suite :

$$110 - 100 = 0,70 \times R$$

d'où

$$R = \frac{10}{0,70} = 14,28 \text{ ohms.}$$

Ces 10 volts perdus dans le conducteur et transformés en
chaleur constituent la *perte de charge* de la ligne. Cette dif-

férence, qui existe entre la force électromotrice de la source et la chute de potentiel utilisée dans les appareils récepteurs de l'énergie électrique, correspond, en hydraulique, à la perte de charge subie par un fluide, par suite du frottement qu'il éprouve en se mouvant dans une conduite.

La longueur du conducteur est de 150 mètres ou 15,000 centimètres. En appelant

> s la section en centimètres carrés,
>
> α le coefficient de résistance spécifique du cuivre,

sa résistance totale R, en ohms, sera donnée par la formule :

$$R = \frac{\alpha\, l}{s}\, 10^{-6} \quad (n^\circ 30).$$

On a

> $\alpha = 1,6$ environ pour du cuivre pur, à 0° centigrade ;
>
> $l = 15.000$ centimètres ;
>
> $R = 14,28$ ohms ;

d'où

$$S = \frac{1,6 \times 15.000}{14,28 \times 1.000.000} = 0,001680 \quad \text{centimètre carré, ou}$$

0,1680 millimètre carré, ce qui correspond à un fil de 0,5 millimètre de diamètre.

Le fil de 0,5 millimètre de diamètre a une section de 0,1963 millimètre carré (n° 312). Si l'on emploie un conducteur bien isolé, l'intensité maxima du courant qui doit le traverser, à raison de 3 ampères par millimètre carré (n° 133), sera 0,58 ampère. Le conducteur sera donc insuffisant ; si, au contraire, le fil est nu et extérieur, un diamètre de 0,5 millimètre suffira, puisqu'on peut admettre 6 ampères par millimètre carré.

En général, on n'emploie guère de fil aussi fin, même pour une seule lampe. Pratiquement, on utilise les diamètres de fils portés aux catalogues du fournisseur auquel on s'adresse ; ces fils sont échelonnés et varient à peu près par millimètre ou demi-millimètre. Il est bon, en général, de ne pas employer de fils d'un diamètre inférieur à 1 millimètre.

Supposons que la série des fils dont on dispose comprenne des conducteurs jaugés tous à un nombre exact de millimètres, le plus fin étant de 1 millimètre. Ce fil, dont la section est de 0,79 millimètre carré, est plus que suffisant pour l'intensité de 0,70 ampère qui nous est nécessaire. Arrêtons-nous donc à ce diamètre de 1 millimètre. La résistance de la ligne de 150 mètres de fil de 1 millimètre sera donnée par la formule :

$$R = \frac{a\,l}{s}10^{-6} = \frac{1,6 \times 15.000}{0,0079 \times 1.000.000} = 3,04 \text{ ohms.}$$

La perte de charge d'une ligne ayant 3,04 ohms de résistance et traversée par un courant de 0,70 ampère, atteindra :

$$E = IR = 3,04 \times 0,7 = 2,13 \text{ volts.}$$

La différence de potentiel aux bornes de la lampe serait par suite de

$$110 - 2,13 = 107,87 \text{ volts,}$$

valeur inadmissible pour des lampes de 100 volts.

– **137. Résistance de réglage.** — Pour régler à 100 volts la différence de potentiel aux bornes des lampes, il faut introduire dans le circuit une résistance supplémentaire que nous appellerons *résistance de réglage*, destinée à produire la chute de potentiel demandée, soit 7,87 volts. Le moyen le plus simple consiste à intercaler dans la ligne une petite spirale de fil de ferro-nickel ou de maillechort, dont on calcule la longueur en se basant sur les mêmes principes

que précédemment. Etablissons le calcul pour une résistance de ferro nickel. Le coefficient de résistance spécifique de cet alliage est

$$\alpha = 78,3 \ (n° 30)$$

par suite la résistance d'un mètre de fil de ferro-nickel de
1 millimètre de diamètre sera :

$$R = \frac{\alpha l}{s} 10^{-6} = \frac{78,3 \times 100}{0,0079 \times 1.000.000} = 0,997 \text{ ohms,}$$

et la chute de potentiel déterminée par un courant de 0,70
ampère dans 1 mètre de ce fil atteindra

$$E = IR = 0,70 \times 0,99 = 0,70 \text{ volt ;}$$

la longueur de conducteur nécessaire sera donc

$$\frac{7.87}{0,7} = 11,30 \text{ mètres environ.}$$

La résistance de 0,997 ohm par mètre de fil est celle que
présente le conducteur à 0°. En pratique, la température
de ces petits rhéostats atteint 20° environ. La résistance
kilométrique des fils de ferro-nickel à 20° est indiquée au
tableau n° 314. La température des fils de cuivre conducteurs atteint en moyenne 15° et le métal avec lequel ils
sont tréfilés contient quelques impuretés. Ces deux conditions modifient également leur résistance, comme nous
le verrons au n° suivant.

Au lieu de fil de ferro-nickel, on pourrait employer des
fils de maillechort pour construire les résistances de réglage, mais la résistance spécifique du maillechort étant
moins élevée que celle du ferro-nickel ($\alpha = 20,760$ au
lieu de 78,300) (n° 30), son emploi conduit à des longueurs
de fil plus considérables ; aussi, en général, y a-t-il avantage à se servir de ferro-nickel, et nous en conseillerons
l'emploi dans tous les exemples que nous aurons à examiner.

En résumé, pour allumer une lampe de 16 bougies et 100 volts sur une dynamo de 110 volts, il faudra un courant de 0,70 ampère. Si le conducteur a 150 mètres de longueur, on pourra employer un fil de cuivre de 1 millimètre de diamètre, et le voltage exact de 100 volts sera assuré à la lampe par l'introduction d'une résistance formée par un fil de ferro-nickel de 11,30 mètres de longueur et de 1 millimètre de diamètre.

L'addition d'une petite spirale de ferro-nickel dans les conducteurs est extrêmement facile à faire, et peu coûteuse. Son calcul se fait très simplement d'après les indications du tableau n° 314, qui donne les résistances kilométriques des fils de ferro-nickel pour les différents diamètres usités généralement. On régularise ainsi à peu de frais la différence de potentiel aux bornes des lampes, ce qui en augmente la durée tout en égalisant bien la lumière.

Nous insistons tout particulièrement sur l'utilité de ces résistances de réglage pour les installations de lampes à incandescence, bien qu'on n'en conseille généralement l'emploi que pour les lampes à arc, car elles rendent de très bons services dans la pratique.

Dans un atelier, il n'y a aucun inconvénient à placer une spirale de métal nu, hors de portée de la main, près du plafond, par exemple. Dans un appartement où tous les fils sont cachés par des moulures, on laisse le fil développé, mais pour l'isoler de la boiserie, il est très simple de l'introduire dans un petit tube de caoutchouc très fin, qui produira un excellent isolement. On le manie alors tout aussi facilement qu'un conducteur isolé ordinaire ; il suffit de prendre les précautions nécessaires pour relier ses deux extrémités au fil de cuivre dans lequel il est intercalé.

138. Problème général. — Le problème général de l'ins-

tallation de lampes à incandescence se traite en appliquant
les mêmes raisonnements que dans l'exemple précédent.
Voici une donnée qui renferme les cas les plus complexes.

Il s'agit d'installer 100 lampes à incandescence disposées
en cinq groupes A B C D E (fig. 33) ; le groupe *a* A de
20 lampes de 16 bougies est branché à 50 mètres de la dynamo, le groupe *b* B, de 50 lampes de 10 bougies, à 200

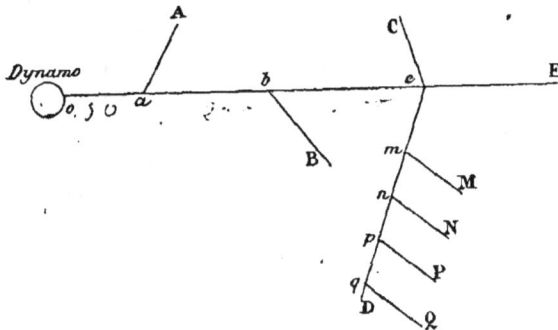

Fig. 33.

$Oa = 50^m$. — $ab = 200^m$. — $bc = 100^m$. — $cm = 10^m$. — $mn = 10^m$. — $np = 10^m$. —
$pq = 10$. — $qD = 30^m$.

mètres du précédent; les groupes *c* C de 10 lampes, *c* D de
5 lampes et *c* E de 15 lampes de 20 bougies, partent du
même point *c* à 100 mètres du groupe B. Les 5 lampes du
groupe D sont branchées de 10 en 10 mètres sur la conduite *c* D, à partir du point *c*, en *m*M, *n*N, *p*P, *q*Q, *q*D. Les
longueurs de ces tronçons *m* M, *n*N, *p*P, *q* Q, *q* D sont de
30 mètres.

Comme dans l'exemple précédent, les lampes sont tarées
à 100 volts et la dynamo produit un courant de 110 volts.
Quels doivent être les diamètres des conducteurs et
l'intensité du courant de la dynamo ?

1° Intensité du courant.

Les lampes exigent 3,5 watts par bougie (n° 126) ; donc des lampes de 10 bougies demandent

$$10 \times 3,5 = 35 \text{ watts};$$

les lampes de 16 bougies demandent

$$16 \times 3,5 = 56 \text{ watts};$$

et les lampes de 20 bougies demandent

$$20 \times 3,5 = 70 \text{ watts}.$$

La différence de potentiel aux bornes des lampes étant de 100 volts, les intensités respectives seront (n° 32):

$$I = \frac{W}{E} = \frac{35}{100} = 0,35 \text{ ampère pour les lampes de 10 bougies};$$

$$I = \frac{56}{100} = 0,56 \text{ ampère pour les lampes de 16 bougies};$$

$$\text{et } I = \frac{70}{100} = 0.70 \text{ ampère pour les lampes de 20 bougies.}$$

Les lampes étant montées en dérivation, l'intensité du courant qui alimente deux lampes est égale à la somme des intensités des courants de chacune des lampes, d'après la loi de Kirchhoff (n° 23) qui donne

$$i - i_1 - i_2 = 0 \text{ ou } i = i_1 + i \quad \text{(fig. 34).}$$

De proche en proche, on verrait que l'intensité du courant d'un conducteur qui alimente plusieurs lampes est égale à la somme des intensités du courant de toutes les dérivations qui aboutissent directement ou indirectement à ce conducteur. Donc les intensités des courants qui passent par les conducteurs des groupes A B C D E sont les suivantes :

Groupe A	$20 \times 0,56 = 11,2$	ampères
Groupe B	$50 \times 0,35 = 17,5$	ampères
Groupe C	$10 \times 0,70 = 7$	ampères
Groupe D	$5 \times 0,70 = 3,5$	ampères
Groupe E	$15 \times 0,70 = 10,5$	ampères

De même les intensités du courant qui parcourt les diverses portions du conducteur principal sont les suivantes :

$$bc = (C + D + E) = 21 \quad \text{ampères}$$
$$ab = (bc + B) = 38,5 \text{ ampères}$$
$$Oa = (ab + A) = 49,7 \text{ ampères}$$

Il en résulte tout d'abord que la dynamo doit fournir un courant de 50 ampères.

2° Diamètres des conducteurs.

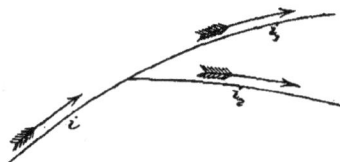

Fig. 34.

Supposons que le conducteur principal $o\,c$ soit en fil de cuivre nu, à l'air libre, et que les autres soient en fils de cuivre placés à l'intérieur et recouverts de guipages isolants. Admettons comme maximum du courant passant par le fil nu 4 ampères par millimètre carré, et pour les autres conducteurs 2 ampères par millimètre carré, les limites indiquées au n° 133 ayant été baissées pour des raisons spéciales. Supposons également que les diamètres des fils employés soient des nombres entiers de millimètres.

Nous allons faire le calcul pour la conduite principale et les branchements $c\,D$; les autres groupes se détermineraient de la même façon.

Les sections minima des fils, eu égard à leur échauffement, sont déterminées par le maximum que nous nous sommes fixé pour la valeur du courant par millimètre carré. On en déduit immédiatement le diamètre minimum ainsi que l'indique le tableau suivant :

TRONÇONS	INTENSITÉ totale	INTENSITÉ maxima par mm 2	SECTION minima	DIAMÈTRE minimum
qD	0,7 ampère	2 ampères	0,35 mm 2	1 mm
pQ	1,4	2	0,70	1
np	2,1	2	1,05	2
mn	2,8	2	1,40	2
cm	3,5	2	1,75	2
bc	21	4	5,02	3
ab	38,5	4	9,62	4
0a	49,7	4	12,42	4

Il faut voir maintenant si la perte de charge totale dans une ligne formée de conducteurs ayant ces diamètres n'excède pas les 10 volts auxquels nous nous sommes limités.

Pour faire ce calcul facilement, il est commode de se servir d'une table à double entrée dans laquelle on trouve la perte de charge par kilomètre pour un courant de i ampères passant dans un fil de d millimètres de diamètre. Cette table est calculée de la façon suivante :

La résistance de 1 kilomètre de fil de cuivre de d millimètres de diamètre est donnée par la formule

$$R = \frac{\alpha l}{s} 10^{-6} \ (n^o\ 30)$$

dans laquelle

$l = 100.000$ centimètres

$s = \dfrac{\pi d^2}{4 \times 100}$ centimètres carrés

$\alpha = 1,6$ pour du cuivre pur, à la température de 0°

d'où

$$R = \frac{1,6 \times 100.000 \times 4 \times 100}{\pi d^2 \times 1.000.000} = \frac{64}{\pi d^2}$$

Mais le cuivre commercial n'est pas pur ; de plus, la température des fils atteint en moyenne 15° centigrades. Pour tenir compte de ces deux éléments, il faut, dans la pratique, augmenter le coefficient $\alpha = 1,6$ de 12 pour 100 de sa valeur environ.

La perte de charge pour i ampères dans 1 kilomètre de fil sera donc, en moyenne,

$$E = i\,R = \frac{64\,i}{\alpha\,d^2} \times \frac{112}{100}$$

Ce tableau, qui figure à la fin du volume (n° 313), a été calculé pour des intensités de courant de 1 à 10 ampères, et des diamètres de fil variant par dixième de millimètre jusqu'à 5 millimètres. Pratiquement, on y trouve tous les diamètres de fils employés dans les petites installations. Les sections des fils de différents diamètres sont indiquées au tableau du n° 312.

La perte de charge relative à un courant de 10 ampères étant 10 fois plus élevée que celle qui résulte d'un courant de 1 ampère, le tableau permet encore de calculer la perte de charge relative à un courant supérieur à 10 ampères, au moyen d'une addition de nombres obtenus en multipliant, par des puissances de 10, ceux qui sont relevés directement sur le tableau n° 313.

Pour les courants intenses, on emploie des câbles au lieu de fils simples. Le tableau du n° 316 indique la contexture et la section des câbles les plus usités dans la pratique, leur résistance kilométrique en ohms à la température ordinaire, et l'intensité maxima du courant qui doit les traverser conformément aux données du n° 133.

La perte de charge pour le tronçon $a\,b$, par exemple, qui a 200 mètres de longueur (0,200 kilomètres), 4 millimètres de diamètre, et qui est parcouru par un courant de 38,5 ampères $(30 + 8 + 0,5)$, sera, d'après la ligne du tableau n° 313 correspondante à 4 millimètres :

$$0,200 \times (42,80 + 11,41 + 0,71) = 0,2 \times 54,92 = 10,98 \text{ volts.}$$

En faisant le même calcul pour les autres tronçons, on aura le détail suivant depuis l'origine 0 jusqu'à la lampe la plus éloignée au point D :

TRONÇONS	DIAMÈTRES en millimètres	LONGUEURS en kilomètres	INTENSITÉS du courant en ampère	Perte de charge en volts par kilo-mètre	totale
	mm.	km.	amp.	volts	volts
0a	4	0,050	49,7	70,83	3,54
ab	4	0,200	38,5	54,92	10,98
bc	3	0,100	21	53,24	5,32
cm	2	0,010	3,5	19,96	0,20
mn	2	0,010	2,8	15,97	0,16
np	2	0,010	2,1	11,98	0,12
pq	1	0,010	1 4	31,95	0,32
qD	1	0,030	0,7	15,97	0,48
Perte de charge totale depuis l'origine.					21,12

En employant les fils de diamètre minimum, nous arrivons donc à une perte de charge de 21,12 volts, soit 11,12 volts en trop. Il est par suite nécessaire d'augmenter le diamètre des fils. Dans le cas particulier qui nous occupe, il y a intérêt à augmenter celui des fils nus, dont le prix est moins élevé que celui des fils recouverts.

Un calcul analogue pour les autres circuits, jusqu'aux lampes les plus éloignées des tronçons a A, b B, cC, c E, fournirait également la perte totale de charge pour ces divers branchements. Supposons que la perte de charge maxima ait lieu pour le circuit que nous avons calculé.

4*

En prenant pour les tronçons Oa, ab et bc un câble de
19 torons de 1,3 millimètre (n° 316), et en recommençant
un calcul analogue au précédent, on arrive à une perte
de charge totale de 10,01 volts, ce qui résout le problème.

Une fois les diamètres déterminés pour la conduite pré·
sentant la plus grande perte de charge, il faut reprendre
toutes les autres lampes, calculer les pertes de charge qui
résultent pour chacune d'elles des diamètres ainsi fixés,
voir les divergences qui existent entre elles. Il faut régulariser le voltage de celles qui s'écartent de plus de 1 volt
de la limite donnée de 100 volts, en intercalant dans leur
circuit des résistances supplémentaires, comme nous
l'avons vu dans l'exemple précédent (n° 137). Nous entre-
rons d'ailleurs dans le détail des calculs relatifs à des
applications pratiques dans la dernière partie de ce volume (n°ˢ 243 et suivants).

139. Circuit bouclé. — Lorsqu'on ne fait pas usage des
résistances de réglage dont nous venons de voir l'utilité,
il y a presque toujours, quoi qu'on fasse, une différence
de force électromotrice entre les lampes branchées sur un
même circuit, à moins d'avoir un circuit isolé pour chaque lampe, ce qui devient très onéreux et ce qui n'est
en général pas pratique pour les lampes à incandescence.

Afin de diminuer cette différence de voltage, on peut
avoir recours à ce qu'on appelle le *circuit bouclé*, qui consiste à brancher les lampes sur deux fils disposés de
telle sorte que l'un d'eux alimente toutes les lampes
dans un certain ordre, et que l'autre fil les alimente
dans l'ordre absolument opposé, comme le montre la
figure 35.

On voit dans ces conditions que la longueur de fil com-

posant la dérivation de chaque lampe est la même, quel
que soit le foyer considéré, par exemple NL $a\,b$ MS = NL
$c\,d$ MS, etc.

Pendant longtemps on a cru, et l'on a dit souvent que

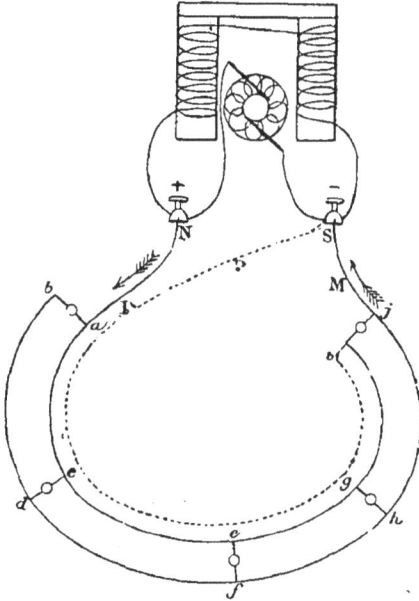

Fig. 35.

Na = ac = ce = eg = gi = 100ᵐ. — Sj = jh = hf = fd = db = 100ᵐ. —
ab = cd = ef = gh = ij = 10ᵐ.

la longueur de fil étant constante, la perte de charge de-
vait être la même pour toutes les lampes. L'exemple suivant montrera que cette assertion n'est nullement fondée
en général.

140. Exemple de distribution par circuit bouclé. — Supposons que nous ayons seulement 5 lampes et que l'intensité

du courant qui alimente chacune d'elles soit de 5 ampères.
Les courants qui traverseront les différentes portions du
fil auront les intensités suivantes :

$$ab = cd = ef = gh = ij = 5 \text{ ampères.}$$
$$gi = bd = \quad 5 \text{ ampères,}$$
$$ge = df = 10 \quad \text{id.}$$
$$ec = fh = 15 \quad \text{id.}$$
$$ca = hj = 20 \quad \text{id.}$$
$$Na = Sj = 25 \quad \text{id.}$$

Supposons que toutes les longueurs des portions de
fils, Na, ac, ce, eg, gi, Sj, jh, hf, fd, db soient uniformément
de 100 mètres et que les branchements ab, cd, ef, gh, ij
aient 10 mètres de longueur. Supposons en outre que la
perte de charge la plus considérable admissible depuis la
dynamo jusqu'à la dernière lampe soit de 12 volts et que
le fil soit recouvert sur toute sa longueur.

Déterminons le diamètre des fils d'après le 2me tableau
du n° 133 qui fixe le maximum d'intensité que peut atteindre le courant, eu égard à l'élévation de température
des conducteurs. Les deux dernières colonnes montrent
qu'on peut admettre 3 ampères par millimètre carré. Il
en résulte les diamètres suivants pour les différents tronçons.

Tronçons.	Intensités.	Sections.	Diamètres.
ab, cd ..... gi, bd	5 ampères	$1,67^{mm²}$	$1,5^{mm}$
ge, df	10 —	3,34	2,1
ec, fh	15 —	5	2,6
ca, hj	20 —	6,67	3
Na, Sj	25 —	8,34	3,3.

En calculant la perte de charge résultant du circuit
NL $a\,c\,e\,f\,h\,j$ MS, qui présente la perte de charge la plus
élevée, on arrive au résultat suivant, en se servant des

indications du tableau n° 313, comme nous l'avons fait
dans l'exemple du n° 138.

TRONÇONS	LONGUEUR en kilomètres.	DIAMÈTRES en millimètres	INTENSITÉS en ampères.	PERTES DE CHARGE EN VOLTS	
				par kilomètre.	totales
Na+Sj	0,200 k.	3,3 mm.	25 amp.	52,58 volts	10,48 volts.
ac+jh	0,200	3	20	50,70	10,14
ce+hf	0,200	2,6	15	49,08	9,82
ef	0,010	1,5	5	50,71	0,51
Perte de charge totale de la dérivation.					30,95

Cette perte de charge est inadmissible d'après les conditions posées, puisqu'elle dépasse 12 volts. Pour la ramener à ce dernier chiffre, il faut augmenter le diamètre
des conducteurs. En prenant un diamètre uniforme de
5 millimètres pour les grandes lignes et en conservant
celui de 1,5 millimètre pour les petites, on obtient par un
calcul analogue les résultats suivants :

TRONÇONS	LONGUEURS en kilomètres	DIAMÈTRES en millimètres.	INTENSITÉS en ampères.	PERTES DE CHARGE EN VOLTS	
				par kilomètre.	totales.
Na+Sj	0,200 k.	5 mm	25 amp.	22,87 volts	4.57 volts.
ac+jh	0,200	5	20	18,30	3.66
ce+hf	0,200	5	15	13,67	2,73
ef	0,010	1,5	5	50,71	0,51
Perte de charge totale de la dérivation.					11,47

Cette perte de charge étant admissible, arrêtons-nous à
ces diamètres.

Calculons la perte de charge pour un autre circuit, par

exemple NL *a b d f h j* MS, en adoptant les mêmes diamètres
de 5 millimètres et de 1,5 millimètre. On obtient le tableau
ci-dessous :

TRONÇONS	LONGUEURS en kilomètres.	DIAMÈTRES en millimètres.	INTENSITÉS en ampères.	PERTES DE CHARGE EN VOLTS	
				par kilomètres.	totales.
Na+Sj	0,200 k.	5 mm.	25 amp.	22,87 volts.	4,57 volts.
jd	0,100	5	29	18,30	1,83
hf	0,100	5	15	13,67	1,37
fd	0,100	5	10	9,10	0,91
db	0,100	5	5	4,57	0,46
ba	0,010	1,5	5	50,71	0,51
Perte de charge totale de la dérivation.					9,65

La comparaison de ces deux totaux montre qu'il y a
une différence de 1,82 volt entre les forces électromotrices
des lampes du milieu et celles des extrémités de la canalisation. Cette différence est trop forte, et il est nécessaire
de recourir aux résistances de réglage, comme dans le
cas de conducteurs placés en dérivation simple (n° 137).

Ce sont les lampes du milieu qui subissent la plus forte
perte de charge lorsque les dérivations secondaires ont la
même importance, dans les cas analogues à celui que nous
considérons. C'est le contraire de ce qui se passe pour les
circuits ordinaires, dans lesquels les foyers soumis à la
plus forte perte de charge sont ceux qui se trouvent aux
extrémités de la ligne.

Dans un seul cas, un circuit bouclé permet d'obtenir
une même différence de potentiel aux bornes de toutes
les lampes. C'est lorsqu'on peut calculer les diamètres des
fils de manière à avoir la même perte de charge par kilomètre dans tous les tronçons de la ligne. La longueur des
différents circuits étant constante, on obtient évidemment

la même valeur totale pour la perte de charge, quel que soit le circuit considéré.

Dans l'exemple précédent, la longueur totale de chaque circuit étant de 610 mètres, pour obtenir ce résultat, il faut calculer les diamètres des fils de manière à avoir une perte de charge uniforme de

$$\frac{12}{0,610} = 19,7 \text{ volts par kilomètre.}$$

Les différents tronçons auraient alors les diamètres suivants, ainsi qu'on peut s'en rendre facilement compte d'après le tableau n° 313.

Tronçons.	Intensités	Diamètres.
ab, cd....... *gi, bd*	5 ampères	2,4 millimètres
ge, df	10 —	3,4 —
ec, fh	15 —	4,2 —
ca, hj	20 —	4,8 —
Na, Sj	25	câble de 19 torons de 1,3 millim.

Si rien ne s'oppose à ce que les diamètres des fils soient ainsi déterminés, le circuit en boucle peut être avantageusement employé. Il conduit même alors à une dépense de fil moins considérable que lorsqu'on dispose les fils en dérivation simple. La figure 35 indique en effet en pointillé le tracé qui aurait été adopté pour une disposition en dérivation simple. La longueur totale des fils n'est pas changée, mais leurs diamètres doivent être augmentés. En effet, d'après le tracé pointillé, les circuits particuliers ont des longueurs inégales, et le plus long d'entre eux NL *a i j* PS atteint 1,010 mètres. Pour ne pas dépasser une perte de charge totale de 12 volts, il faut que dans chaque tronçon la perte soit inférieure à

$$\frac{12}{1,010} = 11,8 \text{ volts par kilomètre.}$$

Il faudra par suite employer des fils plus gros que dans
le cas du circuit bouclé, où la perte peut atteindre 19,7
volts par kilomètre.

Les indications précédentes montrent d'une manière

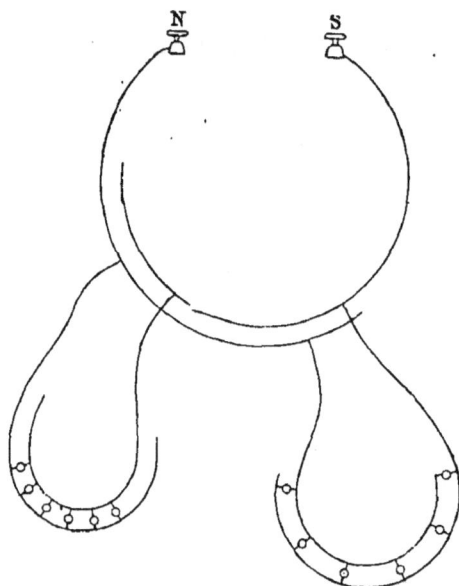

Fig. 36.

suffisante comment on détermine le diamètre des fils dans
le cas des circuits en boucle. Nous en verrons plus loin
quelques applications.

141. Autres dispositions de circuits. — Lorsqu'il s'agit
d'une installation où il faut envoyer la lumière dans différentes directions, on peut boucler les circuits partiels et

les dériver sur deux conducteurs principaux, ceux-ci pouvant eux-mêmes être disposés en boucle, comme l'indique la figure 36.

Dans la plupart des installations, l'emploi général des circuits bouclés n'est pas possible ; nous avons en effet supposé dans l'exemple précédent que les lampes sont disposées à peu près circulairement autour de la source, de manière que la dernière lampe revienne à une distance de la dynamo égale à la première. Dans la plupart des cas, les tracés sont tout différents : la dynamo est placée à une extrémité de l'usine ou de l'appartement ; certaines lampes en sont très rapprochées et d'autres relativement très éloignées. Un circuit en boucle dans ces conditions conduirait à une augmentation notable de longueur du conducteur, comme le montre la figure 37, dans

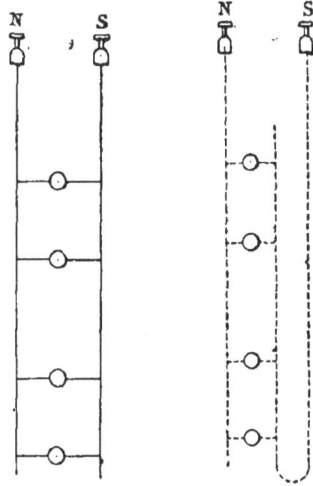

Fig. 37.

laquelle les traits pleins indiquent le système de dérivation ordinaire et le pointillé se rapporte à une disposition en boucle.

Les circuits bouclés ont été autrefois très préconisés par les personnes qui pensaient égaliser la force électromotrice aux bornes de toutes les lampes d'une canalisation, par le seul fait de cette disposition. Nous avons vu que cela n'est pas exact en général. Il est d'ailleurs si simple d'arriver à égaliser les pertes de charge au moyen des résistances supplémentaires dont nous avons expliqué l'usage, que cette considération présente beaucoup moins d'intérêt.

Il ne faut avoir recours aux circuits bouclés que dans les cas analogues à celui qui est cité plus haut, où leur emploi conduit à une économie dans le poids des conducteurs.

142. Régime variable. — Les calculs que nous avons développés précédemment supposent que le régime de la canalisation est fixe, c'est-à-dire que toutes les lampes sont allumées en même temps et débitent chacune le nombre d'ampères qui résulte de la résistance de leurs circuits respectifs, d'après la force électromotrice constante fournie par la dynamo.

Si l'on éteint une des lampes branchées sur les conducteurs, cela change immédiatement le régime de toutes les autres. Ainsi, par exemple, dans le problème du n° 138, si l'on éteint la lampe M (fig. 33), l'intensité du courant qui passe dans les conducteurs O a, $a\,b$, $b\,c$, cm est réduite de 0,70 ampère, la perte de charge est par suite diminuée d'une quantité qui peut s'évaluer facilement, et le voltage des lampes est augmenté, si l'on maintient constante la force électromotrice aux bornes de la dynamo.

Le fait de l'augmentation du potentiel aux bornes des lampes n'aurait pas une grande importance, car on pourrait le diminuer avec le rhéostat de la dérivation de la dynamo, si toutes les lampes étaient affectées par une perte de charge identique. Mais il n'en est pas ainsi ; les lampes du groupe A auront leur perte de charge réduite d'une quantité égale à la résistance du circuit O a multipliée par l'intensité 0.70 ; celles du groupe B, d'une quantité égale à la précédente, plus la résistance du circuit $a\,b$ également multipliée par l'intensité 0,70, et ainsi de suite.

On voit par là que si le courant avait la même force électromotrice aux bornes des lampes lorsqu'elles étaient toutes allumées ensemble, il n'en est plus de même lorsque l'on éteint l'une d'entre elles.

L'extinction d'une seule lampe ne produit pas une grande perturbation dans le régime des autres, mais il n'en est plus de même quand on en éteint un grand nombre. Les pertes de charge subies par les foyers qui restent allumés diminuent alors d'une façon très sensible, et ces écarts peuvent produire des variations assez considérables dans la différence de potentiel mesurée aux bornes des lampes. On obtient alors un éclairage irrégulier, qui peut conduire à forcer les lampes restant allumées (nº 128).

Si l'on doit éclairer des portions bien différentes d'un édifice par des groupes de lampes dont l'allumage est indépendant l'un de l'autre, mais de telle sorte que dans un même groupe toutes les lampes brûlent pendant le même laps de temps, il est facile d'adopter une solution remédiant à l'inconvénient signalé : il suffit de faire une canalisation distincte pour chaque groupe de lampes, dont la dérivation partira des bornes mêmes de la dynamo, ou plutôt du tableau de distribution placé tout près de la machine.

On intercalera dans chaque circuit un rhéostat de manière à pouvoir régulariser la différence de potentiel aux bornes des lampes dans les différents régimes d'utilisation de la canalisation, et le voltmètre devra être installé de manière à permettre de lire séparément la force électromotrice du courant dans chaque circuit.

Si, au contraire, le régime de l'éclairage est tout à fait variable, c'est-à-dire si aucune règle ne préside à l'allumage et à l'extinction des foyers, il est impossible d'assurer une régularité parfaite dans le voltage aux bornes des lampes.

Le cas général est intermédiaire entre les deux précédents. On s'arrange alors de manière à réunir les foyers par groupes, dans chacun desquels on allume et éteint les lampes à peu près au même moment, et l'on établit pour chacun d'eux un circuit distinct partant du tableau de distribution.

Si l'on ne veut pas installer un circuit distinct pour chaque groupe, on peut, comme l'indique la figure 38,

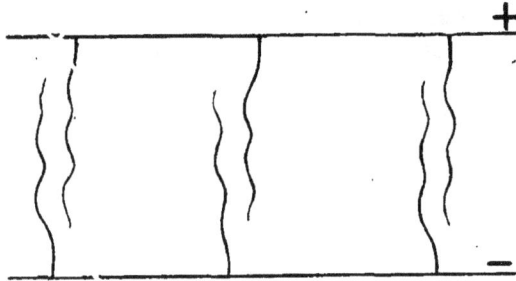

Fig. 38.

faire courir deux gros câbles sur lesquels on branchera en dérivation tous les circuits partiels dérivés. Les deux gros câbles ayant très peu de résistance, la perte de charge qui en résulte est très faible, et une variation, même assez forte, dans les intensités, aura peu d'importance pour le régime général.

Sans entrer pour le moment dans plus de détails, on comprendra qu'il est nécessaire de s'inspirer dans chaque cas particulier des circonstances locales, qui pourront conduire à des conclusions un peu différentes des précédentes, selon les conditions qu'il s'agit de réaliser dans chaque exemple spécial.

143. Choix des lampes et de la dynamo. — Quand on éta·

blit une installation nouvelle, on est maître de choisir à son gré la force électromotrice de la dynamo et la différence de potentiel des lampes. Les considérations suivantes permettent de guider l'industriel dans cette détermination.

144. Avantages des potentiels élevés. Perte en ligne. — On a tout intérêt, au point de vue de l'économie de l'installation, à employer les potentiels élevés. Le maximun du courant qui peut passer dans un fil sans danger d'échauffement dépend uniquement de l'intensité, comme nous l'avons vu, et nullement de la force électromotrice. Pour produire un travail déterminé, plus le potentiel sera élevé, plus l'intensité sera faible, et par suite plus les fils pourront être petits. D'autre part, puisque la perte de charge varie dans un conducteur proportionnellement à l'intensité, il sera nécessaire, pour transmettre le même travail avec la même perte de charge, d'avoir des fils d'autant plus faibles que l'intensité sera elle-même plus faible, c'est-à-dire que le potentiel sera plus élevé.

Dans les petites installations d'usines ou d'appartements, dans lesquelles les fils sont toujours plus ou moins accessibles, il peut y avoir danger à dépasser 150 ou 200 volts; les types les plus courants de dynamos sont en général de 210, 110 ou 70 volts, les premières étant préférables aux dernières, au point de vue de la perte en ligne.

Dans les grandes stations centrales, les courants atteignent plusieurs milliers de volts ; mais ils sont distribués aux particuliers avec des forces électromotrices de 100 volts en général ; des appareils appelés *transformateurs* permettent de remplacer un courant d'un voltage élevé par un autre de moindre voltage, en maintenant, bien entendu, l'énergie, c'est-à-dire le produit E I constant, sauf une perte très faible variable avec le rendement des

appareils. Cette disposition permet de faire des économies
considérables dans le prix des conducteurs généraux de
distribution.

Mais les détails de ces grandes installations sortent de
notre cadre ; dans les petites canalisations, on emploie,
comme nous venons de le dire, des dynamos de 50 à 200
volts, et on calcule les conducteurs de manière à avoir,
dans la ligne, une perte de charge de 2 à 5 0/0 (n° 134).

145. Eclairage par accumulateurs. — Lorsqu'il s'agit d'une
installation d'éclairage par accumulateurs, la détermination des conducteurs se fait évidemment de la même façon
que précédemment ; on choisit le voltage des lampes ;
on l'augmente de la perte de potentiel due à la ligne, et
l'on obtient ainsi la force électromotrice que doivent fournir les accumulateurs.

Le calcul du nombre et du poids des éléments qu'il est
nécessaire d'employer a été indiqué aux n°s 96 et suivants.
Comme nous l'avons fait remarquer à ce propos, la force
électromotrice de chaque élément baisse constamment
de 2,20 ou 2,30 volts à 1,90 volt, mais en restant égale à
2,05 volts pendant la plus grande partie de la décharge.
Pratiquement, cela ne présente pas en général un grand
inconvénient pour l'éclairage par incandescence. On calcule le nombre des accumulateurs, comme nous l'avons
vu, en admettant une force électromotrice moyenne de
2,05 volts par élément.

Si l'on tient essentiellement à avoir une lumière constante, on peut employer deux moyens :

1° Charger quelques accumulateurs en plus du nombre
qu'il est nécessaire d'avoir au moment de la décharge
moyenne, et les ajouter successivement un par un, quand
la lumière baisse, au moyen du commutateur spécial dont
nous avons parlé (n° 102).

2° Intercaler dans le circuit un rhéostat dont on peut faire varier la résistance par la manœuvre d'une manette ou de clefs convenablement disposées. La résistance totale du rhéostat est calculée de manière à provoquer dans la ligne une perte de charge égale à la différence de force électromotrice totale de la batterie d'accumulateurs au commencement et à la fin de la décharge. Ce calcul se fait comme celui qui a été établi au n° 137 pour la détermination d'un fil de ferro-nickel servant également à provoquer une chute de potentiel entre deux points d'un circuit.

Au commencement de la décharge des accumulateurs, on intercale tout le rhéostat, et l'on diminue peu à peu la résistance pendant l'éclairage, lorsque la force électromotrice des éléments vient à baisser.

146. Détermination de la dynamo. — Le nombre et le poids des accumulateurs étant déterminés, on calcule les constantes de la dynamo comme nous l'avons vu au n° 99.

147. Calcul des conducteurs. — Les fils conducteurs qui transmettent le courant de la dynamo aux accumulateurs doivent être calculés comme nous l'avons indiqué pour les fils destinés à l'éclairage (n° 136). Leur section est déterminée d'après la longueur, l'intensité maxima du courant, et la perte de charge maxima qu'on peut admettre dans la ligne pour le voltage.

148. Eclairage mixte. — En général, lorsqu'on possède une dynamo et des accumulateurs, on utilise la machine pour l'éclairage direct pendant une fraction de la soirée aussi longue que possible, afin d'éviter la perte d'énergie qu'on est obligé de subir lorsqu'on passe par l'intermédiaire des accumulateurs. On n'emploie ceux-ci qu'une partie du temps, par exemple dans la nuit, après l'arrêt de la machine motrice de l'usine, ou bien pour éclairer un nombre de lampes excédant ceux que la dynamo peut alimenter directement.

Deux cas peuvent alors se présenter :

1° La dynamo et les accumulateurs sont destinés à l'éclairage de deux groupes de lampes distincts.

2° La dynamo et les accumulateurs doivent allumer le même groupe de lampes, à des heures différentes.

D'après ce que nous avons vu (n⁰ˢ 93 et suivants), il est nécessaire, pour charger des accumulateurs, d'avoir une dynamo susceptible de fournir un voltage beaucoup plus élevé que celui du courant moyen de décharge de la batterie. Ainsi, il faut une dynamo de 70 volts pour charger une batterie fournissant à la décharge un courant moyen de 55 volts, dans les meilleures conditions d'installation.

Dans le premier cas, c'est-à-dire lorsqu'il y a deux groupes distincts de lampes à allumer, il n'y a pas à hésiter, il faut admettre deux voltages différents pour les lampes ; celui du groupe qui doit être alimenté par la dynamo sera en général de 25 à 35 0\|0 supérieur à celui du groupe branché sur les accumulateurs, suivant les pertes de charge en ligne et les conditions spéciales de l'installation.

Dans le deuxième cas, lorsque la dynamo et les accumulateurs servent à allumer les mêmes lampes, il faut déterminer le voltage de celles-ci pour l'éclairage par accumulateurs ; au moment de l'éclairage direct, il est ensuite nécessaire de réduire la force électromotrice de la dynamo au voltage des lampes, plus la perte en ligne, au moyen du rhéostat intercalé dans la dérivation. Il faut, bien entendu, que ce rhéostat ait assez de résistance pour produire l'abaissement de voltage voulu. Les rhéostats vendus avec les dynamos sont en général trop faibles pour faire tomber le potentiel dans de pareilles limites ; il faut employer des appareils plus résistants, déterminés par des considérations analogues à celles des n°ˢ 52 et 137.

Les indications précédentes permettent de résoudre les problèmes qui se présentent en général pour l'éclairage par incandescence, soit au moyen de dynamos, soit au moyen d'accumulateurs. Nous verrons dans la 7ᵐᵉ partie de cet ouvrage qu'il est facile d'en réaliser l'application dans les conditions ordinaires de la pratique.

CHAPITRE III.

ÉCLAIRAGE PAR LAMPES A ARC.

149. Description sommaire. -- Les lampes à arc se composent de deux crayons de charbon entre les extrémités desquels jaillit l'arc voltaïque. Pour que l'arc puisse se former, il faut que les deux charbons, d'abord en contact, s'écartent à une petite distance l'un de l'autre ; et, pour que la lumière soit fixe, il faut que cette distance soit aussi constante que possible. Pendant la formation de l'arc, les crayons brûlent, diminuent de longueur, et il est nécessaire d'adopter un dispositif particulier pour conserver constante la distance de leurs pointes. Deux systèmes sont employés pour produire ce résultat.

On peut mettre les charbons à côté l'un de l'autre en les séparant par une matière non conductrice qui se volatilise grâce à la température élevée produite par la flamme de l'arc. On obtient ainsi une *bougie ;* mais les bougies exigent l'emploi de courants alternatifs pour que l'usure des charbons soit la même.

Le deuxième système consiste à placer les charbons dans le prolongement l'un de l'autre, et c'est la disposition presque exclusivement employée aujourd'hui ; mais il est alors indispensable de recourir à un mécanisme spécial pour les maintenir à la distance voulue : les appareils construits à cet effet s'appellent des *régulateurs.* Il y a une

foule de systèmes de régulateurs pour courants continus
et pour courants alternatifs.

Presque tous les régulateurs reposent sur un même
principe : le courant agit sur une bobine d'induction qui
attire plus ou moins un barreau de fer doux suivant que le
courant qui la traverse est plus ou moins intense. Le barreau est relié mécaniquement à l'un des charbons et l'entraîne avec lui lorsqu'il s'élève ou s'abaisse. L'arc voltaïque,
en jaillissant, oppose au passage du courant une résistance
plus ou moins considérable suivant que l'écartement des
pointes des charbons est lui-même plus ou moins grand,
et cette résistance fait varier l'intensité du courant qui traverse la bobine. Il s'établit ainsi, entre la distance des
pointes et l'intensité du courant, un certain équilibre qui
assure la régularité de la longueur de l'arc et par suite la
constance de l'intensité lumineuse.

L'action du courant sur le barreau de fer doux se règle
de trois manières différentes qui conduisent à classer les
régulateurs en trois genres distincts. Les figures 39, 40 et
41 indiquent d'une façon schématique la disposition
adoptée pour les différents cas, mais dans les appareils
pratiques le mécanisme est un peu plus complexe. Le
charbon D, au lieu d'être supporté directement par le
morceau de fer doux, lui est relié par un enclenchement,
pour permettre au crayon de se déplacer au fur et à
mesure de son usure, tout en étant relié au barreau
au moment même où l'action de la bobine doit se produire.

150. Régulateurs en série. — La bobine B est intercalée
dans le circuit N C A D B S. Lorsque les charbons s'usent,
l'arc s'allonge, la résistance du circuit augmente, l'intensité du courant diminue et l'attraction de la bobine varie
dans le même sens. Le morceau de fer doux remonte par

suite sous l'action du ressort antagoniste R, et ramène ainsi l'arc à sa valeur normale (fig. 39).

Ces appareils, appelés *régulateurs en série*, ont un inconvénient : pour qu'ils fonctionnent convenablement, chaque

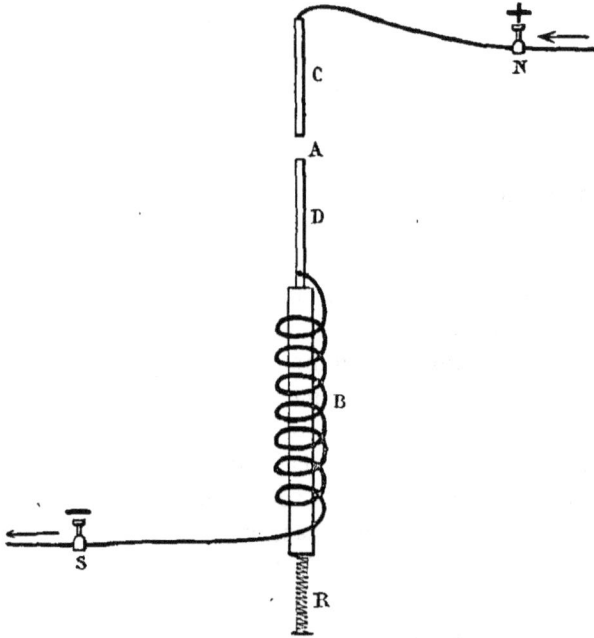

Fig. 39.

circuit ne doit comporter qu'un seul appareil. Si, en effet, on en place deux ou plusieurs en série, dans un même circuit, il peut arriver, au moment où l'un des arcs s'allonge, que l'augmentation de résistance qui en résulte soit compensée par une diminution inverse produite par un autre régulateur. Le régime de la canalisation n'étant pas modifié, l'intensité du courant reste constante et le mécanisme de réglage n'agit pas.

Lorsqu'on veut disposer plusieurs régulateurs dans un circuit, il faut employer le procédé suivant.

151. Régulateurs en dérivation. — La bobine B, au lieu d'être parcourue par le courant total, est traversée par une dérivation N B P S prise aux bornes de la lampe. Le

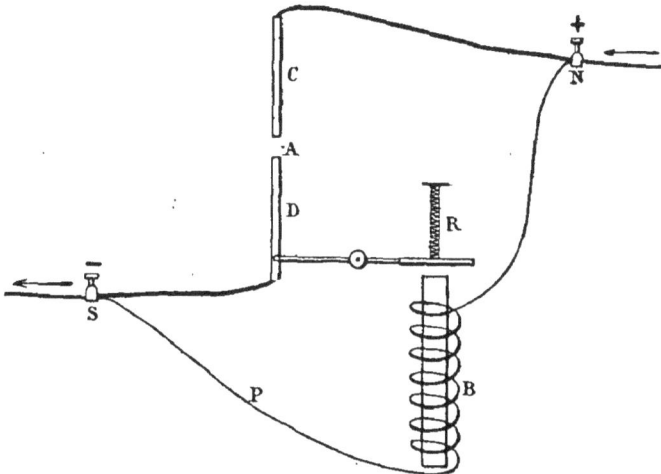

Fig. 40.

courant qui arrive au point N se partage entre les deux conducteurs N B P S et N C A D S, et l'intensité relative de chacune des deux fractions est inversement proportionnelle aux résistances des deux branchements, comme on pourrait s'en assurer par un calcul analogue à celui du n° 29.

Si l'arc s'allonge, la résistance du branchement N C A D S s'accroît, et il en résulte une augmentation dans l'intensité du courant de l'autre fil, où se trouve intercalée la bobine. Celle-ci attire le barreau de fer ; le crayon infé-

4***

rieur se relève, l'arc diminue et le régime reprend son état normal.

Ces régulateurs sont dits *excités en dérivation*. Au moment où l'arc s'allonge, la résistance totale des deux branchements augmente, et par suite l'intensité du courant général diminue légèrement. A cet instant, et jusqu'à ce

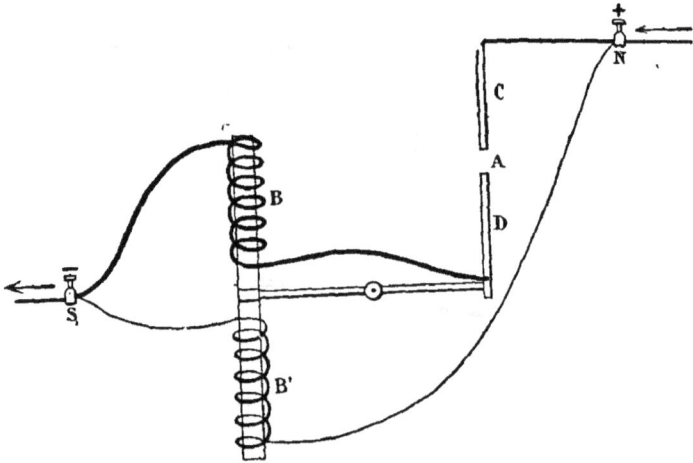

Fig. 41.

que le régime normal soit de nouveau établi, il en résulte un faible abaissement dans l'éclat des foyers. On peut éviter cet inconvénient au moyen du dispositif suivant.

152. Régulateurs différentiels. — Le courant se divise en deux parties suivant deux branchements, N C A D B S qui contient une première bobine B excitée en série, et N B' S qui comprend une deuxième bobine B' excitée en dérivation.

Quand l'arc s'allonge, le courant s'affaiblit dans le premier circuit et augmente dans le second, de telle sorte que le noyau de fer doux est sollicité à la fois et dans le même

sens par les deux bobines. Il entraîne avec lui le charbon D
de manière à rétablir l'arc à sa longueur normale. Cette
action étant très rapide, l'appareil est plus sensible que
le précédent, et la fixité de l'arc est bien mieux assurée.

Ces appareils sont appelés régulateurs *différentiels* ou à
double enroulement. Ils conviennent spécialement pour les
installations comprenant un grand nombre de lampes
disposées en série.

Dans les différents systèmes de régulateurs, les bobines
dans les spires desquelles circule le courant principal sont
formées par un gros fil ; celles qui sont comprises dans
les dérivations sont constituées par un fil long et fin, de
manière à présenter une grande résistance et à ne laisser
passer dans la dérivation qu'une très faible partie du courant total, quelques dixièmes d'ampère tout au plus.
Cette fraction du courant est en effet absorbée en pure
perte ; elle assure la fixité de l'arc, mais aux dépens du
rendement des appareils.

153. Usure des charbons. — Dans le cas des courants
alternatifs, l'usure des charbons positif et négatif est égale
lorsqu'ils sont horizontaux ; quand ils sont verticaux, le
charbon supérieur s'use un peu plus vite que le charbon
inférieur.

Lorsqu'on emploie les courants continus, le charbon
positif s'use à peu près deux fois aussi vite que le négatif
lorsque les crayons sont de même diamètre et de même
composition. Pour que l'usure des charbons soit moins
différente, on se sert en général de crayons plus gros pour
le positif que pour le négatif. De plus, au pôle positif, on
emploie des crayons dits à *mèche* ou à *âme*, c'est-à-dire
formés d'une partie centrale tendre plus conductrice,
autour de laquelle est agglomérée une pâte de la même
dureté que celle des charbons négatifs. Cette disposition

particulière du charbon positif régularise l'usure, et a surtout pour but d'augmenter la fixité de la lumière, l'arc s'établissant de préférence au point le plus conducteur, c'est-à-dire à l'extrémité de l'âme centrale.

Le charbon positif se place en général à la partie supérieure, et le négatif au-dessous.

L'usure des charbons représente une dépense appréciable dans l'entretien des lampes à arc. On peut l'évaluer en moyenne, pour les deux charbons réunis, à 8 centimètres par heure, y compris les déchets. (M. Fontaine.)

154. Diamètre des charbons. — Le diamètre adopté pour les charbons varie selon les constructeurs. En moyenne, on se sert de crayons ayant les diamètres suivants :

Intensité du courant.	Charbon positif à mèche.	Charbon négatif homogène.
3 ampères	9 millimètres	6 millimètres
4 —	10 —	6,5 —
5 —	10,5 —	7 —
6 —	11 —	7,5 —
7 —	12 —	8 —
8 —	13 —	9 —
9 —	14 —	9,5 —

Intensité du courant.	Charbon positif à mèche.	Charbon négatif homogène.
10 ampères	16 millimètres	10 millimètres
12 —	18 —	12 —
14 —	20 —	13 —
16 —	21 —	14 —
18 —	22 —	15 —
20 —	24 —	16 —

155. Puissance lumineuse. — La puissance lumineuse d'une lampe à arc varie beaucoup suivant l'incidence sous laquelle on la regarde. Le point le plus brillant du foyer est, non pas l'arc proprement dit, mais l'extrémité du charbon positif. C'est pour cela qu'on le place à la partie supérieure, de manière à projeter sur le sol le plus de lumière possible. La direction dans laquelle l'intensité des rayons lumineux est la plus forte fait un angle de 40 à 45° avec l'horizontale (fig. 42).

156. Intensité moyenne sphérique. — Supposons qu'on divise la surface d'un plan vertical, passant par les crayons, en un grand nombre de petits angles ayant leur sommet au centre de l'arc électrique (fig. 42) et découpant des zones égales sur la surface d'une sphère, lorsqu'on fait exécuter à ce plan méridien une révolution complète autour des charbons; si l'on relève l'intensité lumineuse du rayon envoyé par le foyer au milieu de chacun de ces angles, la moyenne de toutes les intensités lumineuses ainsi constatées s'appelle l'*intensité moyenne sphérique*. Le nombre obtenu représente bien en effet l'intensité moyenne de l'éclairement d'une sphère ayant son centre au milieu de l'arc.

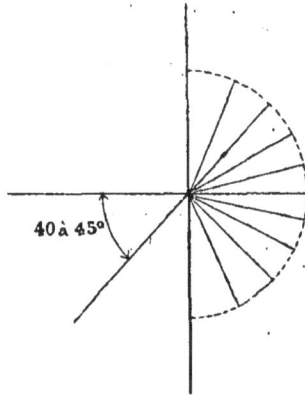

Un foyer dit de 50 carcels est celui dont l'intensité moyenne sphérique a cette valeur de 50 carcels.

157. Energie absorbée par les régulateurs. — On ne peut pas indiquer d'une manière absolue la relation qui existe entre l'intensité lumineuse d'un arc et la puissance qu'il absorbe, ce rapport variant avec la perfection des régulateurs employés. Il faut compter, en général, sur une dépense de 4 à 6 watts par carcel, les lampes absorbant d'autant moins d'énergie qu'elles sont plus fortes.

Pour un projet d'éclairage, on peut admettre l'échelle de proportion ci-dessous, qui représente à peu près la moyenne des résultats constatés par de nombreuses expériences :

Intensité lumineuse en carcels	30	50	70	100	150	200	500	carcels.
Energie absorbée en watts par carcel	6	5,75	5,50	5,25	5	4,5	4	watts.

On voit par ces données que la lumière par lampe à arc est beaucoup plus économique que l'éclairage par incandescence. Cette économie est réelle, bien qu'elle soit diminuée par la nécessité de diffuser dans l'espace, pour produire le même éclairement local, une plus grande quantité de lumière lorsqu'on emploie l'arc que l'incandescence, comme nous le verrons au n° 162. Aussi est-il avantageux de se servir de lampes à arc lorsqu'il s'agit d'éclairage industriel. L'éclairage par incandescence est un éclairage de luxe qu'on réserve pour les usages domestiques, à moins que l'importance des espaces à éclairer ne soit trop faible pour motiver des foyers puissants comme les lampes à arc.

158. Force électromotrice. — Les lampes à arc sont en général réglées pour marcher avec une différence de potentiel, aux bornes, de 35 à 55 volts, les plus faibles potentiels correspondant aux régulateurs ayant le plus petit pouvoir éclairant. Il est impossible d'indiquer une corrélation absolue entre l'intensité lumineuse et la force électromotrice aux bornes des lampes, le rapport existant entre ces deux éléments variant avec les dispositifs des appareils. Dans une estimation approximative, on peut admettre l'échelle de proportion suivante :

Intensité lumineuse en carcels	30	50	70	100	150	200	500	carcels.
Différence de potentiel aux bornes en volts.	40	42	45	47	50	52	55	volts.

Chaque constructeur indique d'ailleurs soigneusement la différence de potentiel pour laquelle les régulateurs sont établis.

Par suite d'une bizarrerie qui n'est pas bien expliquée, mais devant laquelle on est forcé de s'incliner dans la pratique, on a remarqué qu'il est indispensable d'intercaler entre la source d'électricité et les régulateurs une résistance produisant une chute de potentiel très notable.

Ainsi, par exemple, un régulateur de 50 volts ne fonctionne pas bien lorsqu'il est directement alimenté par une dynamo du même voltage, sans perte de charge. On est obligé, pour le faire marcher régulièrement, d'avoir recours à une dynamo de 70 volts et d'intercaler entre la dynamo et le régulateur une résistance suffisante pour amener une perte de 20 volts. On pense que cette résistance sert de volant pour compenser les petites irrégularités du mécanisme de rapprochement des charbons. Mais cette explication est incomplète ; lorsqu'une lampe à arc est alimentée par des accumulateurs, ceux-ci devraient en effet former un volant largement suffisant, et, malgré cela, l'utilité de la résistance intercalaire se fait encore sentir, bien qu'à un moindre degré.

De plus, on peut faire fonctionner convenablement deux lampes de 50 volts en les mettant en série sur une dynamo de 110 volts, bien que la chute de potentiel ne soit dans ce cas que de 10 pour 100 au lieu d'atteindre 20 pour 50 ; il est probable que les irrégularités des deux lampes se contrebalancent dans une certaine mesure, en laissant de la sorte un peu plus de latitude ; mais cette explication est tout au moins problématique.

159. Intensité. — L'intensité du courant absorbé par un régulateur augmente avec la puissance lumineuse qu'on lui demande, sans toutefois lui être proportionnelle. Elle

est égale au quotient du nombre de watts que l'arc absorbe
(n° 157) par la force électromotrice du courant (n° 158),
d'après la formule bien souvent employée déjà $W = EI$
(n° 32). En comparant les chiffres donnés aux n°ˢ précédents (157 et 158), on en déduit la relation suivante entre
la puissance lumineuse d'un arc et l'intensité du courant
qui l'alimente :

Intensité lumineuse en carcels	30	50	70	100	150	200	500	carcels.
Intensité du courant en ampères	4,5	6,9	8,6	11,2	15	17,3	36,5	ampères.

Nous insistons de nouveau sur ce que ces chiffres n'ont
rien d'absolu : ils varient un peu avec les constructeurs,
mais ils peuvent servir de base à une évaluation première,
dans un projet d'éclairage.

160. **Diffusion de la lumière** — A l'origine, les lampes à
arc éclairaient assez mal les locaux où la lumière a besoin
d'être bien diffusée partout, comme les ateliers d'ajustage,
les filatures, etc. Le point lumineux n'était pas bien fixe et
produisait de fortes ombres portées ; de plus, son éclat
était insupportable et faisait mal aux yeux. On remédie
actuellement à ces inconvénients en construisant des régulateurs plus parfaits et en entourant l'arc voltaïque d'un
globe dépoli, de manière à remplacer le point lumineux
par une sphère dont l'effet est plus ou moins comparable
à celui de la lumière émise par le soleil.

Aujourd'hui, de nombreux régulateurs construits de cette
façon donnent de bons résultats, fournissent une lumière
bien égale, se diffusant parfaitement et permettant de
travailler sans fatigue dans les ateliers les plus minutieux.

161. **Disposition des lampes.** — La surface bien éclairée
par une lampe à arc est d'autant plus étendue que la
lampe est plus intense.

A l'air libre, pour éclairer un hall, une cour, etc., il faut

placer les lampes sur des supports, et ces supports doivent
être d'autant plus élevés que les lampes sont plus fortes.

Un régulateur de 200 carcels, par exemple, doit être
placé à 12 mètres de hauteur environ et éclairera convenablement une surface de 500 mètres carrés. Un régulateur de 100 carcels, placé sur une colonne de 10 mètres,
éclairera une aire de 250 mètres carrés.

Dans un atelier, les régulateurs sont suspendus au
plafond, au milieu de l'espace à éclairer. Le nombre et la
puissance des régulateurs varient avec l'intensité de la
lumière qu'il est nécessaire d'obtenir. Pour avoir un éclairage ordinaire, dans un atelier d'ajustage, par exemple,
il faut installer un régulateur de 150 carcels pour une surface de 200 mètres carrés, ou de 70 carcels pour une surface de 100 mètres carrés, ou de 30 carcels pour une
surface de 50 mètres carrés.

Lorsqu'on a besoin d'un éclairage très intense, pour un
tissage par exemple, il faut aller, dans certains cas, jusqu'à employer une lampe de 100 carcels par chaque 50
mètres carrés.

La puissance des lampes à installer varie avec la hauteur d'étages. Ainsi des ateliers très élevés peuvent être
sans inconvénient éclairés par des régulateurs de 150
carcels, tandis que des ateliers ordinaires doivent être
éclairés par des lampes de 100 carcels au plus. Pour des
ateliers vastes et très bas, de 3 mètres de hauteur par
exemple, il faudra employer des régulateurs de 30 ou 40
carcels, espacés comme nous venons de l'indiquer.

Dans tous les cas, les murs et les plafonds des salles
devront être soigneusement entretenus et revêtus de couleur blanche et mate.

162. Comparaison entre les lampes à arc et à incandescence.
— Lorsqu'on éclaire une grande salle au moyen de lampes

à incandescence, la facilité d'installation de ces petites ampoules de verre permet, soit de les disposer presque uniformément dans toute la surface de la pièce, soit de les placer aux points mêmes où il est nécessaire de concentrer la lumière, si certaines parties de la salle ont besoin d'être éclairées d'une façon plus intense que d'autres.

Quand on se sert de régulateurs, au contraire, le nombre des appareils employés étant beaucoup plus restreint, il est presque impossible de diriger une lumière plus intense sur des points spéciaux d'une pièce, en laissant les autres dans une obscurité relative. Il est nécessaire de diffuser partout dans l'espace une lumière égale au maximum de celle qu'on veut obtenir dans les différentes directions. De plus, l'éclairement produit sur une surface est, comme nous l'avons vu, inversement proportionnel au carré de la distance de cette surface au foyer lumineux (n° 122). Les lampes à incandescence disséminées dans une salle sont beaucoup plus rapprochées des points à éclairer qu'un régulateur placé au milieu de la même pièce. Le régulateur, à puissance lumineuse égale, produira donc un éclairement local plus considérable aux points de l'espace qui l'environnent, mais beaucoup moins intense aux endroits où la lumière est utilisable, sur les tables de travail placées près des murs de la salle, par exemple.

Ces différentes considérations obligent à répandre dans l'espace une quantité absolue de lumière beaucoup plus considérable quand on emploie les régulateurs que lorsqu'on utilise les lampes à incandescence.

Les chiffres que nous avons donnés au n° 130, comparés à ceux du numéro précédent, font nettement ressortir cette différence. Nous avons vu en effet que pour obtenir un éclairage moyen dans une salle très haute, à l'aide de lampes à incandescence, il fallait employer deux bougies par mètre carré, soit 200 bougies ou 20 carcels (n° 119)

par 100 mètres carrés. Dans le cas de foyers à arc, au
contraire, pour obtenir le même éclairement, il est nécessaire de se servir d'un régulateur de 70 carcels.

Malgré cette différence, comme nous l'avons vu au
nᵒ 157, l'éclairage à arc est plus économique que l'éclairage
par incandescence, puisque le premier ne demande que
4 à 6 watts par carcel, tandis que le second exige 3,5 watts
par bougie (nᵒ 126), soit 35 watts par carcel.

163. Calcul d'une canalisation. — Le calcul d'une canalisation pour lampes à arc est le même que lorsqu'il s'agit
de lampes à incandescence.

On emploie en général, dans le cas qui nous occupe,
celui des petites installations, des dynamos de 70, 110 ou
210 volts, suivant qu'on veut allumer et éteindre les lampes
séparément, par groupes de deux ou par groupes de quatre.
Dans ces deux derniers cas, on monte en dérivation sur
les conducteurs principaux les groupes de lampes disposées par séries de 2 ou de 4 dans chaque dérivation.

On calcule le diamètre des conducteurs de manière à
obtenir aux bornes des lampes une différence de potentiel
égale à celle qui leur est nécessaire. En se reportant à ce
que nous avons indiqué aux nᵒˢ 135 et suivants pour le
calcul des fils, on verra que l'intensité des courants des
lampes à arc étant en général assez élevée, on est obligé
d'avoir des fils conducteurs assez gros, qui occasionnent
de faibles pertes de charges, sauf au cas où la canalisation
est très longue. Comme il faut obtenir une chute de potentiel de 20 à 25 volts, il est pratiquement toujours nécessaire d'intercaler dans les dérivations une résistance assez
forte, qui s'ajoute à celle des conducteurs. On emploie à
cet effet des *rhéostats de réglage*, établis de manière à laisser passer dans chaque lampe l'intensité qui lui est nécessaire.

164. Rhéostats de réglage. — Lorsqu'on calcule les rhéostats de réglage, on peut être amené à un diamètre tel que le courant y produise un échauffement dangereux. En général, on construit les rhéostats de manière que le fil, lors du passage du courant d'intensité maxima, ne dépasse pas la température ambiante de la salle de plus de 50 degrés. Lorsqu'on établit les rhéostats en ferro-nickel, on peut satisfaire à cette condition de température en prenant les diamètres minima indiqués au tableau n° 313 placé à la fin du volume. Il faut éviter, pour les spires des rhéostats, le contact direct du bois, et les monter sur marbre, porcelaine, amiante, etc.

165. Exemple. — Il s'agit d'alimenter une lampe à arc de 50 carcels au moyen d'une dynamo de 70 volts, située à 150 mètres du régulateur. Quel diamètre de fil devra-t-on employer pour les conducteurs, et comment le rhéostat devra-t-il être construit ?

D'après le n° 158, le régulateur fonctionne convenablement avec un courant ayant une différence de potentiel de 42 volts aux bornes de l'appareil. Pour produire une intensité lumineuse de 50 carcels, il exige 5,75 watts par carcel (n° 157), soit 287,5 watts. L'intensité du courant qui l'alimente est égale à 6,85 ampères (n° 159).

Pour conduire un courant de 6,85 ampères, si le fil est isolé, sa section devra avoir 2,28 millimètres carrés, à raison de 3 ampères par millimètre carré (n° 133). Il sera par suite nécessaire d'employer un fil de 1,8 millimètre de diamètre. Ce fil, traversé par un courant de 6,85 ampères, occasionne une perte de charge de 48,02 volts par kilomètre (n° 313), soit

$$48,02 \times 0,300 = 14,41 \text{ volts}$$

pour une longueur de 300 mètres (aller et retour).

La force électromotrice de la dynamo est de 70 volts ;

celle qui doit subsister aux bornes des lampes est de 42
volts; la ligne et le rhéostat de réglage doivent donc pro-
·duire une perte de charge totale de 28 volts; la ligne ab-
·sorbant 14,41 volts, le rhéostat doit provoquer une perte
de 13,59 volts.

D'après le nº 313, le ferro-nickel à employer pour un
courant de 6,85 ampères doit avoir un diamètre de 2 millimètres, et sa résistance à chaud est de 265 ohms par kilomètre. Le fil du rhéostat devra par suite avoir une longueur de

$$\frac{13.59}{265} = 51,30 \text{ mètres.}$$

Il est commode, pour les régulateurs à arc, de se servir
de rhéostats de réglage à résistance variable. On fait construire les rhéostats pour la plus grande longueur de fil
qu'il est nécessaire d'intercaler dans le circuit où il faut
provoquer la plus forte perte de charge. On règle ensuite
chacun d'eux pour l'intensité du courant qu'il doit laisser
passer.

166. Lampes montées en série. — Ce que nous venons de
dire s'applique surtout aux foyers montés en dérivation.
Lorsqu'on emploie dans une installation le montage en
série, on prend une dynamo ayant une force électromotrice
égale à la somme des forces électromotrices des lampes du
circuit, plus la perte de charge en ligne, et susceptible de
fournir un courant ayant pour intensité celle qui est né-
·cessaire à l'alimentation des lampes. Un rhéostat de réglage général permet de maintenir cette intensité constante.

Lorsqu'on éteint une lampe pour la réparer ou pour un
autre motif, il faut la mettre hors circuit, et réunir les deux
fils qui aboutissent à ses bornes, afin de fermer le circuit
et d'éviter l'extinction des autres lampes de la série; cette

communication doit s'établir d'elle-même par le jeu d'un commutateur spécial. Pour que l'enlèvement de cette lampe ne trouble pas le régime général de la canalisation, le commutateur qui ferme le circuit peut introduire automatiquement une résistance égale à celle de la lampe ; sans cela, l'intensité du courant doit être réglée à chaque instant au poste des dynamos par la manœuvre de la manivelle du rhéostat.

Il résulte de l'introduction de ces résistances une perte d'énergie absorbée sans aucun profit. Pour l'éviter, on a construit des dynamos à intensité constante et à force électromotrice variable, à réglage automatique, obtenue en changeant le calage des balais. Ces machines sont aujourd'hui très employées dans les grandes installations de foyers disposés en série.

Dans ces canalisations en série, l'intensité du courant est constante sur toute la ligne (n° 7) et par suite on ne peut employer que des foyers d'un seul type ; aussi, dans les petites installations, pour se débarrasser de cette obligation et pour éviter la sujétion de la dépendance des foyers, on s'arrête souvent à la solution la plus simple, qui consiste à monter toutes les lampes en dérivation aux bornes de la dynamo. On emploie alors une dynamo de 70 volts pour dès régulateurs de 40 à 50 volts, malgré l'économie d'énergie et de fils qui résulte de l'utilisation de tensions plus élevées.

167. Eclairage mixte. — On peut, sur une même canalisation, monter, sans aucun inconvénient, des lampes à arc et des lampes à incandescence. Ainsi, par exemple, avec une dynamo de 70 volts, il est possible d'alimenter des lampes à incandescence de 68 volts, en admettant 2 volts pour la perte en ligne et des foyers à arc de 50 volts, en intercalant pour ces derniers leurs rhéostats de réglage.

Les conducteurs se calculent toujours de la même manière que s'il s'agissait d'incandescence seule.

168. Eclairage par accumulateurs. — Quand on alimente des lampes à arc par des accumulateurs, il n'est pas nécessaire de subir une perte en ligne aussi forte que lorsqu'on emploie les dynamos; en général, 5 ou 6 volts de perte suffisent à la fin de la décharge de la batterie.

169. Exemple. — D'après ce qui précède, pour alimenter des régulateurs de 45 volts, il faudra avoir aux bornes de la batterie d'accumulateurs une force électromotrice de 50 volts environ à la fin de la décharge. Comme chaque élément possède à ce moment une force électromotrice de 1.9 volt (n° 61), il faut

$$\frac{50}{1,9} = 27 \text{ éléments.}$$

Mais ces 27 éléments développent au commencement de la décharge une force électromotrice de

$$27 \times 2,4 = 64,8 \text{ volts.}$$

Comme l'intensité qui doit passer dans les régulateurs a besoin d'être sensiblement constante, il faudra placer un rhéostat de réglage dans la conduite générale d'où partent toutes les dérivations des lampes à arc, afin d'y ramener constamment l'intensité à sa valeur normale. Un ampèremètre donnera les indications nécessaires à cet effet, et permettra d'obtenir la fixité de la lumière, si l'on a soin de maintenir constante l'intensité du courant.

Si l'on veut se débarrasser de la sujétion de la manœuvre de ce rhéostat, il faudra ne se servir des accumulateurs que pendant la période de leur décharge, où la force électromotrice de chaque élément est à peu près constante et égale à 2,05 volts environ. On obtient de cette manière une lumière constante, sauf aux premiers instants de la décharge pendant lesquels la force électromotrice baisse de 2,40 à 2,05 volts par élément ; mais on n'utilise ainsi qu'incomplètement les accumulateurs au point de vue de leur capacité.

CINQUIÈME PARTIE.

Dispositions générales des canalisations.

---

170. Précautions générales. — Conducteurs. — Dans toute canalisation, il faut pouvoir à un moment déterminé distinguer les fils positifs et négatifs l'un de l'autre, ainsi que les fils des différentes dérivations, pour le cas où l'on aurait à faire une modification ou une addition aux conduites existantes.

Pour distinguer les fils positifs et négatifs, il est bon de suivre une règle pour la pose des conducteurs, par exemple de mettre dans toute l'installation le positif à gauche et au-dessus du négatif. Il faut en outre graver les signes + ou — sur toutes les bornes auxquelles aboutissent les fils.

Lorsqu'il peut y avoir confusion, comme pour les connexions des accumulateurs, il est utile de peindre d'une couleur voyante, en rouge vif, par exemple, toutes les connexions positives, en laissant leur couleur grise aux connexions négatives.

Il est également bon de laisser l'un des deux fils, le négatif par exemple, ininterrompu dans toute la canalisation, et de mettre tous les coupe-circuit, commutateurs, interrupteurs, ampèremètres, etc., sur le fil positif, sauf au cas signalé plus loin (n° 176) où il est utile d'employer des commutateurs bipolaires.

171. Soudures et branchements. — Les jonctions des fils aux branchements doivent être faites avec le plus grand soin. Lorsqu'on veut réunir deux fils fins, on dégarnit les guipages isolants des extrémités à relier, on les décape soigneusement avec du papier d'émeri, on tord ensemble les deux bouts sur une longueur de 4 ou 5 centimètres, on les serre bien avec une pince, et l'on recouvre le tout de gutta-percha ou de ruban *chattertonné*, c'est-à-dire enduit d'une composition particulière bien isolante et facile à appliquer. Mais lorsqu'on doit relier deux fils un peu gros, ayant un diamètre supérieur à 2 millimètres par exemple, il devient nécessaire, après avoir tordu les deux bouts ensemble, de les souder à l'étain, sans quoi les contacts pourraient être insuffisants. Bien entendu, il faut toujours recouvrir la soudure de gutta-percha.

Lorsqu'on relie deux extrémités de fil ou de câble sous plomb, il faut bien faire attention à ce que les bouts des fils repliés ne touchent pas la gaine de plomb, sans quoi on établirait une dérivation à la terre par où s'écoulerait en pure perte une grande partie du courant.

172. Isolement. — Il est indispensable de veiller à ce que toutes les parties de la canalisation soient parfaitement isolées, surtout dans les bâtiments construits avec charpente métallique. Un défaut d'isolation, mettant la ligne en communication avec la terre, constitue une dérivation d'autant moins résistante que l'isolement est moins parfait. Il peut s'écouler dans cette dérivation une quantité d'électricité notable, en pure perte, et cette quantité est d'autant plus importante que la force électromotrice du courant est plus élevée, toutes choses égales d'ailleurs, d'après la loi d'Ohm. Il faut donc apporter d'autant plus de soin à l'isolement des conducteurs qu'on emploie des courants à plus hautes tensions.

173. Emplacement des appareils. — Dynamos. — Les dynamos doivent être placées le plus près possible des machines motrices, pour que le mécanicien les ait constamment sous la main et les suive sans se déranger.   .

Si les dynamos sont éloignées des machines motrices, il est utile de charger en permanence un ouvrier spécial de leur surveillance. Cette surveillance consiste, comme nous l'avons vu (n° 65), à changer le calage des balais lorsqu'il se produit des étincelles, à les couper lorsqu'ils deviennent trop longs, à tourner la manivelle des rhéostats pour maintenir la force électromotrice ou l'intensité à la valeur voulue, suivant qu'on règle le courant d'après l'un ou l'autre de ces facteurs ; à polir de temps en temps la surface des collecteurs, et enfin à graisser abondamment les coussinets de l'arbre de la dynamo.

174. Accumulateurs. — Rhéostats. — Disjoncteurs automatiques. — Les accumulateurs seront installés dans un local fermé et bien aéré, pour éviter l'action corrosive de la vapeur d'eau chargée d'acide sulfurique, qui se répand dans l'atmosphère pendant la fin de la charge. L'emplacement de la batterie sera choisi autant que possible à proximité de la dynamo, afin d'éviter la perte de tension occasionnée par la ligne, et pour pouvoir confier à la fois au même ouvrier la surveillance de la dynamo et de l'entretien des accumulateurs (n° 110).

Toute installation d'accumulateurs doit comporter des rhéostats et un disjoncteur automatique. L'un des rhéostats est intercalé dans le shunt de la dynamo, et l'autre dans la ligne qui envoie le courant de la machine à la batterie ; le réglage du courant qui doit rester compris entre des limites déterminées (n°s 90 et 91) se fait par la manœuvre de ces appareils.

Comme nous l'avons vu au n° 56, les machines en dérivation doivent être seules employées pour la charge des accumulateurs, lorsqu'on fait une installation nouvelle; si l'on ajoute une batterie à une ancienne installation, on peut toutefois se servir de dynamos compound ou en série, mais à la condition expresse de placer dans la ligne un disjoncteur automatique (n° 71), de manière à éviter les courants de retour susceptibles de détériorer la dynamo. Cet appareil, indispensable dans ce cas, est encore utile même si l'on se sert de dynamos excitées en dérivation. Bien que le courant de retour ne puisse pas dépolariser les électros ou détériorer l'induit dans ce genre de machines, sa production est toujours défavorable au bon fonctionnement des appareils. Elle permet en effet aux accumulateurs de se décharger rapidement sur la dynamo, ce qu'il faut toujours éviter, et ce dont on pourrait ne pas s'apercevoir si le circuit n'était pas coupé lorsque le fait tend à se produire.

Le disjoncteur doit être également placé sous la surveillance constante de l'ouvrier chargé de la surveillance de la dynamo, et il peut être utile d'avoir un avertisseur automatique indiquant le moment où le circuit est coupé.

En général, il est à désirer que l'avertisseur ne fonctionne qu'au moment où la dynamo a toute sa vitesse, sans quoi la force électromotrice du courant qu'elle produit pourrait être inférieure à celle du courant de retour de la batterie vers la dynamo (n° 71). Si, à ce moment, on appuyait sur le levier du disjoncteur, on s'exposerait, en établissant la communication trop tôt, à faire passer le courant dans le mauvais sens.

Comme avertisseur, on peut employer une sonnerie électrique actionnée par le courant d'une dérivation

A D C R S B prise sur les conducteurs mêmes de la dynamo (fig. 43). Si l'on branchait ainsi une sonnerie ordinaire sur une dynamo, le courant serait beaucoup trop énergique ; il brûlerait instantanément les fils de la sonnette et serait susceptible de mettre hors de service l'induit de la dynamo. Pour éviter cet accident, il est indispensable d'in-

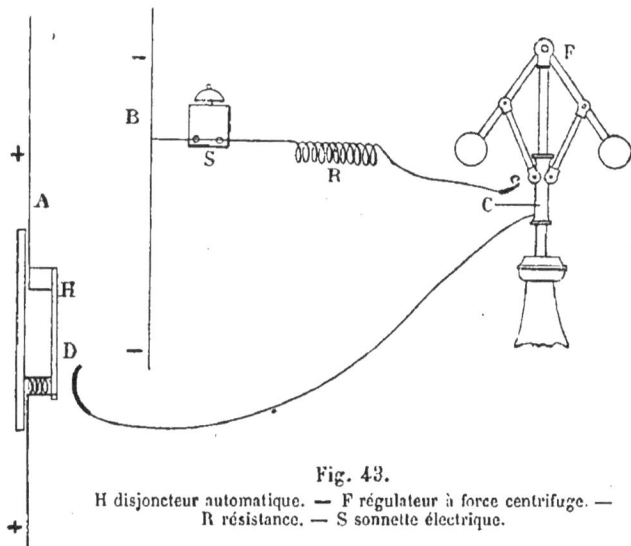

Fig. 43.
H disjoncteur automatique. — F régulateur à force centrifuge. — R résistance. — S sonnette électrique.

tercaler dans la dérivation une résistance considérable R, de plusieurs centaines d'ohms, calculée de manière à ne laisser passer dans la sonnette que l'intensité nécessaire à son bon fonctionnement, soit en général une fraction d'ampère. Une bobine de fil fin de ferro-nickel ou de maille-chort remplit très bien le but. Pour être averti du moment où le circuit est coupé, il suffit d'établir dans la dérivation un contact à ressort très doux D, contre lequel vient buter le levier du disjoncteur lorsqu'il se lève. Si l'on désire que l'avertisseur ne fonctionne que lorsque la machine a toute sa vitesse, on peut établir dans la dérivation un deuxième contact C actionné par un régulateur à force centrifuge, par exemple celui de la machine motrice, dont la vitesse détermine en général celle de la dynamo d'après les relations qui existent entre les diamètres des poulies des transmissions intermédiaires. La figure indique le schema de la disposition qui vient d'être décrite.

Un avertisseur installé de cette façon ne fonctionne que lorsque le circuit des accumulateurs est coupé, et lorsque la dynamo a toute sa vitesse, c'est-à-dire quand sa force électromotrice est supérieure à celle du courant de retour. En appuyant alors sur le levier du disjoncteur quand on entend la sonnerie, on est certain de rétablir le courant dans le sens convenable. Un semblable appareil rend de très grands services, surtout quand la dynamo et les accumulateurs ne sont pas sous la surveillance immédiate du même ouvrier. Il faut, dans ce cas, placer le disjoncteur et l'avertisseur dans la salle où se trouve le mécanicien chargé de la conduite des machines.

175. Interrupteurs. — Chaque lampe doit être munie d'un interrupteur, appareil destiné à ouvrir et à fermer le circuit à volonté ; exceptionnellement, dans le cas d'un lustre par exemple, le même interrupteur peut servir un petit nombre de lampes.

Un interrupteur général doit permettre d'éteindre, le cas échéant, tous les becs à la fois. De plus, si la canalisation comporte plusieurs branchements qui alimentent des directions différentes, il est bon de munir chaque conduite générale d'un interrupteur pour permettre d'isoler séparément chaque groupe de lampes, si le besoin s'en fait sentir.

Dans le cas de fortes tensions, il est bon d'employer sur la conduite générale et même sur les branchements par-

ticuliers des interrupteurs *bipolaires*, c'est-à-dire coupant
la communication à la fois sur le fil positif et sur le fil
négatif. Un interrupteur ordinaire imparfait, tout en pa-
raissant fermé, peut laisser en dérivation un circuit dans
lequel passera une faible fraction du courant, laquelle est
d'autant plus importante que le potentiel est plus élevé
dans la ligne. Un interrupteur bipolaire présente à cet
égard beaucoup plus de garanties qu'un interrupteur
simple.

176. Coupe-circuit. — A la suite de chaque interrupteur
des branchements importants et de la conduite générale,
on doit placer un *coupe-circuit* à fil fusible. Il est bon
aussi de mettre un petit coupe-circuit dans la dérivation
de chaque lampe. On emploie dans chaque cas des fils
fusibles suffisants pour permettre au courant normal de
passer, mais qui se fondent lorsque l'intensité dépasse une
limite dangereuse pour la conservation des appareils, par
exemple lorsqu'elle atteint une fois et demie la valeur maxima à laquelle elle peut arriver en service courant.

L'emploi judicieux de coupe-circuit permet d'éviter de
graves inconvénients, par exemple la destruction instan-
tanée de toutes les lampes à incandescence d'une distribution, ou des détériorations dans l'armature de la dynamo,
qui pourraient se produire si, par un défaut de surveillance, on laissait à un moment donné le courant acquérir
une intensité exagérée.

Lorsqu'on emploie des résistances de réglage en fil nu
de ferro-nickel (n° 137), il faut les isoler des murs et des
boiseries par du carton d'amiante, de l'ardoise, du marbre,
ou par un corps quelconque non susceptible de brûler.
S'il survenait en effet par inadvertance qu'une mauvaise
communication entre deux fils produisît un courant très
peu résistant dans une dérivation où est intercalée l'une

de ces résistances, l'intensité élevée du courant ainsi déterminé arriverait rapidement à faire rougir la spirale de ferro-nickel, qui pourrait mettre le feu aux corps environnants.

Par mesure de prudence, dans ce cas, on doit mettre les coupe-circuit des dérivations secondaires entre la source d'électricité et la résistance de ferro-nickel, pour interrompre le courant lorsque l'intensite atteint une limite dangereuse, comme l'indique la figure 44. Si au contraire

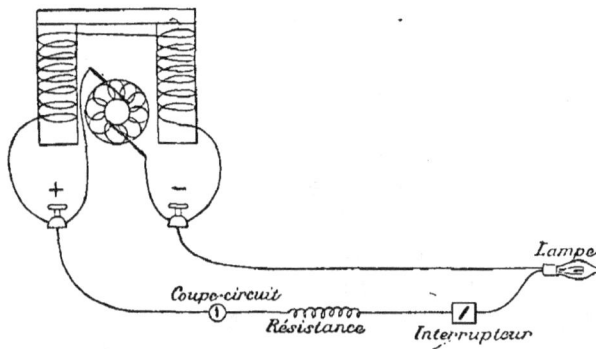

Fig. 44.

on les plaçait comme le montre la figure 45, et qu'un accident (par exemple un coup de marteau frappé maladroitement sur les fils et les mettant en contact à nu) vint à établir une communication au point b, le circuit N r b $d s$, débarrassé des lampes, deviendrait très peu résistant ; la spirale de ferro-nickel s'échauffant considérablement par suite de sa grande résistance relative, rougirait très vite et pourrait provoquer des accidents.

Pour la même raison, il est nécessaire de placer les coupe-circuit sur chaque circuit partiel *immédiatement* après le point de branchement des fils de dérivation des conducteurs généraux.

Lorsque sur une ligne l'intensité dépasse 10 ampères, il est bon, par mesure de précaution, d'employer des coupe-circuit *bipolaires*, c'est-à-dire des appareils comprenant un fusible sur le fil positif et un autre sur le fil négatif de chaque conduite.

De même, lorsqu'on n'est pas certain de pouvoir mettre, à cause de l'enchevêtrement des fils, tous les coupe-circuit sur le même fil, comme nous l'avons conseillé au

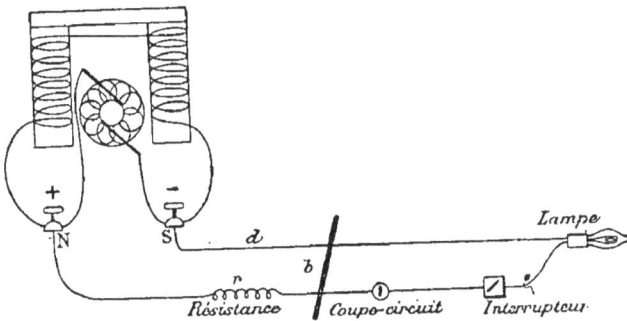

Fig. 45.

n° 170, il est utile de placer un coupe-circuit sur chacun des deux fils. Il pourrait se faire en effet qu'un fil négatif et un fil positif dénudés accidentellement vinssent à se toucher en établissant une dérivation à résistance très faible. Si tous les coupe-circuit sont sur un même fil, et placés près de la naissance des branchements de la dérivation, le circuit anormal ainsi formé sera forcément protégé ; cela pourrait ne pas avoir lieu si les coupe-circuit étaient placés au hasard et si précisément il ne s'en trouvait pas sur le trajet des deux fils mis à nu en contact.

Par exemple, pour l'éclairage d'un lustre, les fils sont quelquefois assez enchevêtrés pour qu'on ne reconnaisse

pas le positif du négatif. En se servant de coupe-circuit
bipolaires, on éviterait les inflammations des enveloppes
des conducteurs ; dans les installations où ces précautions ne sont pas prises, ces accidents sont assez fré-
quents, ainsi que chacun a pu le constater.

177. Parafoudre. — Lorsqu'une canalisation comporte
des portions de con-
ducteur extérieur et
nu, il est bon de la
protéger contre la fou-
dre , qui pourrait cau-
ser des dégâts considé-
rables aux appareils et
à la dynamo. Dans ce
but, on relie à la terre
un point de la ligne
exposée , au moyen
d'un câble de 4 ou 5
millimètres de diamè-
tre, dans lequel on in-

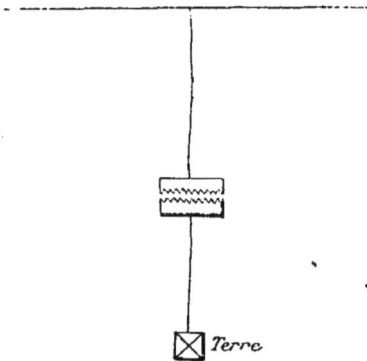

Fig 46.

tercale deux peignes métalliques (fig. 46) dont les extrémités sont à une faible distance l'une de l'autre. En temps
ordinaire, le courant suit son chemin normal et aucune
dérivation ne passe par le parafoudre lorsqu'il est bien
établi ; mais si un coup de foudre atteint le conducteur protégé, la très haute tension de la décharge atmos-
phérique lui permet de franchir la distance des pointes
des peignes, et la foudre passe dans la dérivation à la terre
sans causer de dommages à la ligne.

178. Tableaux de distribution. — Tous les organes dont
nous avons parlé, commutateurs, interrupteurs, coupe-
circuit, rhéostats, disjoncteurs, ainsi que les instruments
de mesure, ampèremètre et voltmètre, doivent être sous

les yeux et à portée de la main de l'ouvrier chargé de la surveillance de l'installation. Il est commode de les grouper tous sur un même tableau appelé *tableau de distribution*.

Les tableaux de distribution se font en bois verni, en marbre ou en ardoise ; on y dispose tous les appareils dans un ordre facile à suivre, avec des étiquettes indiquant à première vue le sens des manœuvres à exécuter, afin d'éviter toute chance d'erreur.

Dans le cas où des manœuvres de clefs diverses doivent être toujours exécutées par un ouvrier dans un même ordre déterminé et invariable, on peut combiner avec avantage une série de fermetures à clenche et à verrou analogues à celles qui sont connues dans les chemins de fer pour les mouvements d'aiguilles dans certains dispositifs du *block-system*.

Les différents organes du tableau sont reliés par des fils à des *bornes* auxquelles aboutissent tous les conducteurs de l'installation. Cette disposition est nécessaire pour permettre de démonter facilement le tableau ou de changer les fils, si l'on en éprouve le besoin.

Il est impossible de donner des règles fixes pour la construction de ces tableaux : il faut s'inspirer dans chaque cas des exigences spéciales de l'installation.

La figure 47 fera comprendre dans quel ordre d'idées on les établit. Le tableau qui y est figuré est relatif à une dynamo destinée à la charge d'accumulateurs. Il permet, soit d'envoyer dans la canalisation le courant de la dynamo seule, soit de charger les accumulateurs, soit d'envoyer dans la canalisation le courant des accumulateurs seuls.

Les fils de la dynamo aboutissent aux bornes A B ; ceux de la batterie d'accumulateurs aux bornes E F et les conducteurs du circuit d'utilisation partent des bornes C D.

L'ampèremètre, comme nous l'avons vu (n° 68), est intercalé dans le circuit ; au contraire le voltmètre est monté en dérivation ; on y fait les lectures en poussant sur les boutons X ou Y, suivant le cas.

Chaque circuit comprend un commutateur simple ou interrupteur et un coupe-circuit. Un commutateur à deux directions permet d'envoyer le courant dans un circuit ou dans l'autre. Le conducteur allant de la dynamo aux accumulateurs contient un disjoncteur automatique. En outre, sur le tableau a été placé le rhéostat d'excitation de la dynamo (n° 63).

Tous les fils du tableau sont apparents et aboutissent aux bornes d'où partent les extrémités des différents circuits.

Voici les manœuvres à exécuter pour chaque opération:

1° Le courant direct de la dynamo est envoyé dans le circuit. — Mettre sur la touche nulle (jm) le commutateur n° 1 à double direction ; ouvrir les interrupteurs n°s 2 et 3.

Le courant suit le chemin A a b p o e f q r d c CD B.

Les indications du voltmètre sont données en pressant sur le bouton X par la dérivation A α β g h B.

2° La dynamo charge les accumulateurs. — Mettre le commutateur à deux directions n° 1 sur la ligne il ; ouvrir l'interrupteur n° 2, fermer l'interrupteur n° 3.

Circuit A a b p o e f i l E F B.

Voltmètre. Bouton X. — Dérivation A α β g h B.

3° Le courant des accumulateurs est envoyé dans le circuit. — Mettre le commutateur n° 1 sur la touche n k ; fermer l'interrupteur n° 2 ; ouvrir l'interrupteur n° 3.

Circuit E n k e f q r d c C D F.

Voltmètre. Bouton V. — Dérivation E s γ β g h F.

Nous verrons plus loin d'autres exemples de tableaux

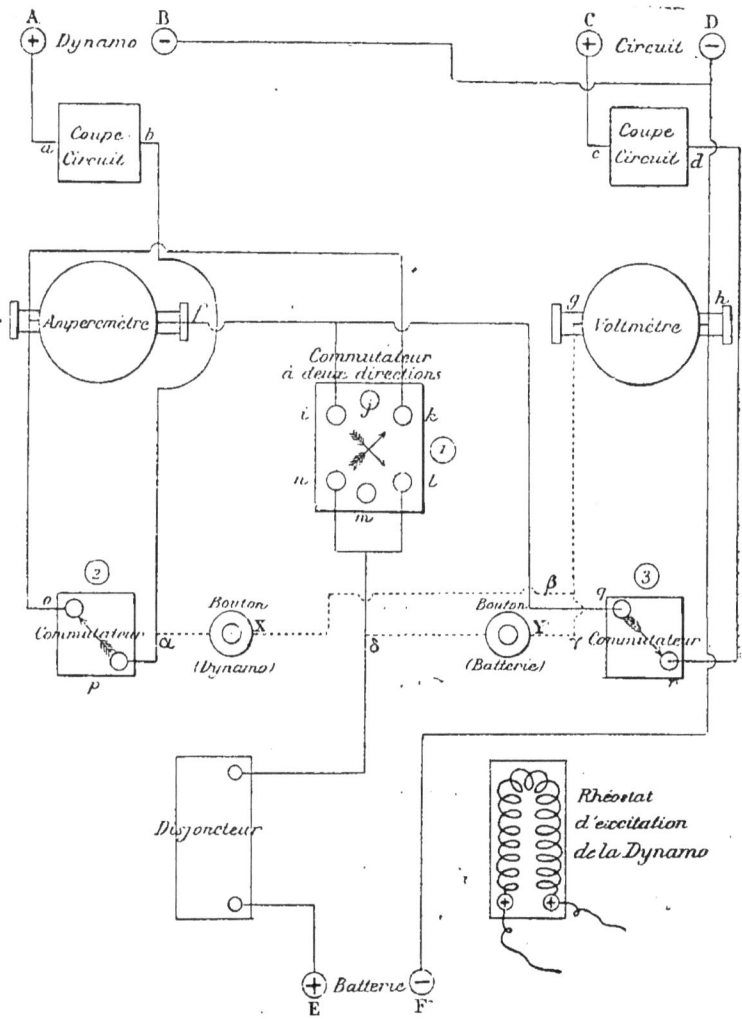

A Dynamo B   C Circuit D
⊕   ⊖   ⊕   ⊖

a Coupe b   c Coupe d
   Circuit   Circuit

Ampèremètre   g Voltmètre h

Commutateur
à deux directions

i   k
      φ
          1
n   l
      m

2   β   3
                                q
Commutateur α   Bouton   Bouton γ Commutateur
             X   (Dynamo)   (Batterie) Y
p   δ

Disjoncteur   Rhéostat
                                d'excitation
                                de la Dynamo

⊕ Batterie ⊖
E   F

Fig. 47.

d₂ distribution ; mais dans tous les cas on arrive facilement à les construire et ils rendent de réels services lorsqu'ils sont bien compris.

En terminant ce chapitre, nous attirerons spécialement
l'attention du lecteur sur une considération importante :
tous les chiffres indiqués, aussi bien jusqu'à présent que
dans la suite de cet ouvrage, ne sont que des moyennes,
généralement admises pour les cas ordinaires de la pratique, mais susceptibles de variations avec la provenance
des appareils et le soin apporté dans leur établissement.
Les données numériques que nous citons peuvent servir à
la rédaction des projets ; mais, dans leur exécution, il faut
s'enquérir, auprès des constructeurs, de tous les renseignements susceptibles de présenter de l'intérêt au point
de vue de l'installation spéciale qu'il s'agit d'établir.

Prenons un exemple : nous avons dit que les lampes à
incandescence absorbent 3,5 watts par bougie (n° 126), et
tous nos calculs relatifs aux canalisations sont présentés
en partant de ce coefficient. Si le constructeur indique un
autre rendement, sa différence avec le premier peut avoir
une influence assez notable sur le diamètre des fils, sur
l'emploi des résistances de réglage, etc., et il faudra par
suite appliquer ce nouveau chiffre à la détermination des
conducteurs.

Après l'établissement de la canalisation, il est d'ailleurs
très facile de reconnaître si les données dont on est parti
sont exactes, en mesurant au moyen d'un voltmètre la
différence de potentiel aux bornes de quelques lampes,
lorsqu'elles sont allumées, après avoir un peu gratté l'enveloppe des deux fils qui les alimentent (en deux points
différents pour éviter un faux contact). Si le chiffre indiqué par l'instrument de mesure correspond bien au voltage que l'on doit trouver, l'installation est bonne; le
contraire signale une erreur d'exécution, à laquelle il est

d'ailleurs presque toujours facile de remédier en modifiant convenablement les résistances des conducteurs.

Il est toujours bon, avant d'entreprendre la pose des fils d'une canalisation, de vérifier le voltage des lampes que l'on désire utiliser, en branchant une seule lampe sur la dynamo au moyen d'un conducteur fin, de longueur et de résistance connues. Les indications du voltmètre et de l'ampèremètre permettent de calculer tous les éléments du circuit ainsi formé et de se rendre compte de l'exactitude des chiffres annoncés par le constructeur.

SIXIÈME PARTIE

Prix de l'éclairage électrique.

---

179. Dépenses d'installation et d'entretien. — Le prix de revient d'un éclairage électrique comprend deux parties bien distinctes : la dépense proprement dite de l'installation, et la dépense d'entretien journalier de l'exploitation.

La dépense d'installation comprend le prix d'achat des appareils et leur pose. Nous allons successivement passer en revue ces différents éléments.

180. Dynamos. — Le prix des dynamos est variable suivant le soin avec lequel elles sont construites, suivant leur vitesse et leur rendement. Elles sont d'autant plus chères que leur vitesse est moindre et que leur rendement est meilleur. Dans une série de machines du même type, le prix rapporté au kilowatt est d'autant plus élevé que le modèle est plus petit.

On peut compter en moyenne pour les machines à rendement moyen et à allure rapide, qui sont pour ainsi dire les seules employées dans les petites installations, sur un prix d'achat de

0,50 par watt pour les modèles de 1,000 watts;
0,25   —   —   5,000 watts;
0,17   —   —   15,000 watts;

les prix intermédiaires variant d'ailleurs graduellement avec la puissance entre ces limites.

Il faut ajouter à ce prix d'achat les frais d'installation, comprenant le massif de fondations, la plaque d'isolement, le cadre à rainures (n° 61), les transmissions de renvoi èt intermédiaires, les courroies, etc. La valeur de ces organes et matériaux, naturellement très variable suivant les circonstances locales, peut être évaluée grossièrement dans un avant-projet à une quantité variant entre le cinquième de la valeur de la machine pour les petits modèles et le dixième pour les modèles moyens.

Ainsi une dynamo de 200 ampères et 70 volts, soit de 14,000 watts, coûterait environ 2,400 francs d'achat et 240 francs d'installation, en admettant que la transmission de commande soit à proximité de la dynamo.

181. Accumulateurs. — Le prix des accumulateurs au plomb est assez variable suivant leur mode de fabrication et suivant leur capacité. Les accumulateurs destinés à être déchargés rapidement et ceux à grande capacité sont plus chers que ceux pour lesquels la décharge se maintient dans les limites normales que nous avons indiquées.

En moyenne, on peut tabler sur les prix suivants pour les accumulateurs formés et prêts à être montés :

Accumulateurs de 10 kilogrammes de plaques. 25 fr. pièce.
—   50   —   —   100   —
—   100   —   —   150   —

Le poids des plaques indiqué ci-dessus se rapporte au plomb dont sont composées les électrodes (n° 85); c'est celui qui correspond à une capacité de 6 ampères-heure par kilogramme de plaques et à un débit à la décharge de 1 ampère à 1,5 ampère par kilogramme de plaques.

Il faut ajouter à ces prix la valeur des accessoires, isolateurs, boulons des connexions, acide, etc., atteignant de 3 à 5 francs par élément.

182. Compteurs. — Le prix des compteurs est variable suivant leur mode de construction. Il est plus élevé pour les appareils enregistrant les watts que pour ceux qui ne tiennent compte que des coulombs et qui s'appliquent aux distributions à potentiel constant (n° 70). Voici quelques prix pour les canalisations ordinaires :

	de 0 à 50 ampères	de 0 à 200 ampères	de 0 à 500 ampères.
Coulombs-mètre	180 fr.	200 fr.	250 fr. pièce.
Watts-heure-mètre.	200 fr.	300 fr.	350 fr. —

183. Lampes à incandescence. — Les lampes à incandescence, qui valaient 5 francs il y a très peu de temps encore, se fabriquent aujourd'hui à de bien meilleures conditions. On trouve de très bonnes lampes, bien tarées et brûlant plus de 1.000 heures, pour 2 fr. 50 pièce.

Ce prix s'applique aux lampes les plus usuelles, de 8 à 20 bougies. Les plus petites lampes valent de 1 à 2 francs ; la valeur des plus grosses est un peu plus élevée, par exemple 4 francs de 30 à 50 bougies.

184. Appareillage. — Les lampes à incandescence sont montées sur des douilles qui valent 2 francs pièce environ.

Les lustres, supports et appliques ont des valeurs très différentes suivant le luxe qu'ils comportent. Leur prix varie de 5 à 100 francs par bec.

185. Lampes à arc. — Le prix des lampes à arc est également assez variable avec les constructeurs.

Les régulateurs de 30 à 40 carcels, y compris le globe et l'organe de suspension, reviennent en moyenne à 200 ou 250 francs pièce.

Les régulateurs de 100 carcels et au-dessus coûtent de 300 à 350 francs pièce.

186. Charbons. — Le prix des charbons varie suivant leur qualité. Le tableau suivant donne le prix moyen du mètre linéaire :

Diamètres en millimètres.	6	7	8	19	10	11	12	14	16	18	20mm
Prix en fr. des char- bons. homo- gènes.	0,45	0,50	0,60	0,70	0,80	0,90	1,05	1,20	1,40	1,65	2 f.
à âme cen- trale.	0,50	0,55	0,65	0,75	0,90	1,	1,15	1,35	1,55	1,90	2f,30

187. Fils conducteurs. — Les fils de cuivre conducteurs nus et étamés, de haute conductibilité, valent environ 3 francs le kilogramme. On en déduit les valeurs suivantes pour le prix du kilomètre de fil :

Diamètres en millimètres	1	2	3	4	5 mm.
Prix du kilomètre	21f	84	189	336	525 f.

Les câbles nus coûtent un peu plus cher, environ 3 fr. 25 le kilogramme. Ces prix varient légèrement suivant le cours des métaux.

Le prix des fils recouverts est très variable avec la nature et le degré de l'isolation. Le tableau suivant donne le prix du kilomètre des fils et câbles présentant les isolements les plus usités :

1° Fils recouverts.

Diamètre en millimètres		1	2	3	4	5mm.
Prix du kilomètre.	Isolement faible	90	220	430	710	1,050f.
	Isolement moyen	135	325	560	980	1,420
	Isolement très fort	250	560	905		
	Isolement fort, sous plomb.	370	700			

2° Câbles recouverts.

Section du cuivre en millimètres carrés.	3	10	21	48	117 mm²
Isolement faible.	260	640	1,200	2,450	5,560 f
Isolement moyen.	560	1,075	1,830	3,380	7.470
Isolement très fort.	1,220	1,990	3,090	5,120	9,460
Isolement supérieur, sous plomb.	1,630	2,400	3,550	5,970	11,320

(à gauche : Prix du kilomètre.)

188. Fils de rhéostats. — Les fils de ferro-nickel employés pour la construction des rhéostats coûtent de 6 à 7 francs le kilogramme. On en déduit la valeur suivante pour le prix du kilomètre de fil :

Diamètre en millimètres.	0,5	1	2	3	4	5 mm
Prix du kilomètre.	15	40	150	320	565	880 f.

189. Pose des fils. — La pose des fils et petits câbles coûte de 0 fr. 10 à 0 fr. 25 le mètre, non compris les fouilles pour ceux qui sont enterrés.

190. Instruments de mesure. — Les ampèremètres de 0 à 50 ampères valent 50 francs ; les voltmètres de 0 à 120 volts valent 60 francs. Pour des courants d'une intensité ou d'un voltage plus élevé, on emploie des appareils réducteurs, c'est-à-dire des boîtes composées de plusieurs conducteurs placés en dérivation qui ne laissent passer dans l'instrument de mesure qu'une fraction du courant total, de sorte que les divisions d'un même ampèremètre, par exemple, expriment un nombre d'ampères double, triple, etc., suivant que l'appareil réducteur réduit à la moitié, au tiers, etc., le courant qui le traverse.

Les appareils réducteurs coûtent de 50 à 100 francs.

191. Disjoncteurs automatiques. — Les disjoncteurs automatiques valent 60 francs environ.

192. Ustensiles divers. — Les différents ustensiles employés ont des prix variables suivant la perfection avec

5****

laquelle ils sont construits. On peut prendre comme prix
moyens les chiffres suivants :

193. Interrupteurs.

		Prix.	
Interrupteurs de 0 à 5 ampères.		3 fr. pièce.	
—	10	6	—
—	50	10	— '
—	100	25	—

194. Commutateurs.

		Prix.	
Commutateurs à 2 directions de 0 à 5 ampères		7 fr. pièce.	
—	10	10	—
—	50	20	—
—	100	35	—

Commutateurs à plusieurs directions : augmentation de
20 pour 100 en plus par direction sur les prix précédents.

195. Coupe-circuit.

		Prix.	
Coupe-circuit de 0 à 5 ampères.		2 fr. pièce.	
—	20	1	—
—	50	6	—
—	100	10	—
Coupe-circuit bipolaires :		le double des prix ci-dessus.	
Fil fusible pour coupe-circuit.		12 fr. le kilogramme.	

196. Rhéostats.

		Prix.	
Rhéostats variables de	20 ohms	40 fr. pièce.	
—	100	150	—
Résistance fixe de	40 ohms	20	—

197. Isolateurs, bornes.

		Prix.
Isolateurs en porcelaine, forme cloche.		1 fr. 50 pièce.
Poulies en porcelaine.		0,15 à 0,60 —
Isolateurs en bois.		7 fr. le cent.
Crochets émaillés pour la pose des fils.		2 —
Bornes de contact en cuivre.		0,50 à 2 fr. pièce.

198. Tableaux de distribution. — Le prix de revient des tableaux de distribution est aussi très variable avec leur importance. Dans un avant-projet, on peut les compter pour une valeur égale au quart de l'ensemble des ustensiles qu'ils portent.

199. Prix de revient de la lumière électrique. — Le prix de revient de la lumière comprend, comme nous l'avons vu au n° 179, les dépenses d'installation et d'entretien. Ce dernier facteur se subdivise lui-même en deux parties. Nous aurons donc à considérer trois éléments distincts :

1° L'amortissement du prix d'installation, qui peut être évalué au moyen des données précédentes. Dans le calcul du prix de revient du kilowatt-heure, lorsqu'on produit soi-même l'électricité, il faut faire une large part à cet amortissement. Il est nécessaire, si l'on ne veut pas avoir de mécompte, d'évaluer l'entretien et l'amortissement, par an, du capital engagé, au moins à 15 pour cent du prix d'achat des machines, et même à 20 pour cent pour la partie afférente aux accumulateurs, si l'installation en comporte. Un amortissement de 10 pour cent par an (intérêt compris) est suffisant pour la canalisation proprement dite.

2° Le prix proprement dit d'achat du kilowatt-heure d'électricité dépensée, si l'on s'abonne à une station centrale et si par suite on paye directement le nombre de kilowatts-heure marqués au compteur, ou bien le prix de la force mécanique absorbée par les dynamos si l'on produit soi-même l'électricité au moyen de moteurs. Il faut tenir compte dans cette évaluation de la dépense de charbon, ou d'eau, où de gaz, du graissage, des frais de surveillance, etc.

3° Le remplacement des lampes à incandescence, ou celui des charbons lorsqu'on emploie des lampes à arc.

On calcule le prix du kilowatt-heure, comme nous le verrons plus loin dans les exemples d'application pratique, et on l'applique aux becs de l'installation, en tenant compte des données numériques que nous avons indiquées : par exemple, une lampe à incadescence de 16 bougies demande 3, 5 watts par bougie, soit 56 watts (n° 126) ; un foyer à arc de 30 carcels demande 6 watts par carcel, soit 180 watts (n° 157), etc.

200. Heures d'éclairage. — L'amortissement du prix de l'installation s'appliquant à toute l'année, pour savoir à combien revient l'heure de la lumière, il est nécessaire de connaître le nombre d'heures pendant lesquelles l'éclairage fonctionne pendant toute l'année.

On peut se baser approximativement sur les règles suivantes à Paris. Dans les ateliers ouverts de 7 heures du matin à 6 heures du soir, on est obligé d'éclairer en moyenne 380 heures pour l'année entière ; de 7 heures du matin à 8 heures du soir, la durée de l'éclairage est de 740 heures pour l'année ; au delà de cette limite, il suffit d'ajouter à ce chiffre 365 heures par an pour chaque heure supplémentaire par jour. Dans les appartements, où l'on éclaire les chambres depuis le coucher du soleil jusqu'à onze heures du soir en moyenne, on est obligé d'allumer les lampes pendant 1.820 heures pour l'année.

201. Renseignements généraux. — D'après ce que nous venons de voir, il est bien difficile de donner des indications précises sur le prix de la lumière électrique. Nous verrons plus loin des exemples détaillés d'installations, pour lesquels nous indiquerons dans chaque cas particulier le prix probable de l'éclairage.

Une installation de lampes à incandescence coûte en moyenne de 30 à 80 francs par bec de 16 bougies ; bien entendu, la valeur la plus élevée se rapporte aux petites

installations et à celles qui comprennent des accumulateurs. Ce prix comprend la part proportionnelle provenant de l'achat de la dynamo, des fils conducteurs, de
l'appareillage, etc.

Il en est de même des foyers à arc. Le prix d'installation par carcel est d'autant plus faible que les régulateurs
sont plus intenses et que leur nombre est plus grand.
Ainsi un seul foyer de 150 carcels revient en moyenne à
800 francs, tandis qu'une installation comprenant 30 foyers
coûte à peu près 15.000 francs, soit 500 francs par foyer. —
Un seul régulateur de 50 carcels coûte environ 500 francs
d'installation ; pour 50 foyers du même type, ce prix
s'abaisserait à 350 francs en moyenne par foyer.

202. Comparaison avec l'éclairage au gaz. — En adoptant
les chiffres précédents pour les prix de revient moyens des
becs électriques, on peut établir la comparaison entre le
prix de cet éclairage et celui de la lumière du gaz. Nous
allons successivement examiner le cas de lampes à incandescence et de lampes à arc.

203. Lampes à incandescence. Eclairage direct par dynamo.
— Supposons que nous produisions nous-mêmes l'électricité au moyen d'un moteur spécial. Cette machine fait
tourner une dynamo qui alimente des lampes à incandescence de 16 bougies, lesquelles doivent être allumées
pendant 1.000 heures par an. Admettons qu'en moyenne
l'installation complète d'un de ces becs de 16 bougies ait
coûté 60 francs. Etablissons d'après ces données le
prix de revient de l'allumage de l'un de ces foyers pendant
une heure. Il se compose des éléments suivants :

1° L'intérêt et l'amortissement du prix d'installation à
raison de 15 pour 100 par an (n° 199) s'élevant à 9 fr.
pour l'année, soit par heure. . . . . 0,009.

2° Force motrice. Le prix de revient du cheval-vapeur

dans une petite installation peut-être évalué à 0 fr. 20 par heure, comprenant le combustible, l'amortissement des générateurs et du moteur, et le graissage ; les frais d'ouvriers et de surveillants sont estimés 0 fr. 10 par cheval-heure, soit en tout 0 fr. 30.

Une lampe de 16 bougies, soit 56 watts à raison de 3, 5 watts par bougie, absorbe théoriquement un nombre de chevaux-vapeur égal à

$$\frac{56}{9,808 \times 75} = 0,076 \text{ cheval-vapeur (n° 31).}$$

Pratiquement, il faut majorer ce chiffre de 10 pour 100 pour la perte en ligne, puis de 30 pour 100 afin de tenir compte des coefficients de rendement de la dynamo, des transmissions, etc. On arrive ainsi au chiffre de 0,11 cheval, correspondant par suite à une dépense par heure de . . . . 0 fr. 033

3° Remplacement des lampes. Une lampe de 3 fr. dure 1,000 heures (n° 128). Le prix correspondant au remplacement des lampes est donc, par heure, de. . 0 fr. 003.

En fin de compte, on arrive à trouver qu'une lampe de 16 bougies, dans une petite installation, coûte environ 0 fr. 045 par heure d'éclairage, ou que le carcel-heure revient à

$$\frac{0.045 \times 10}{16} = 0 \text{ fr. 28}$$

puisque le carcel vaut environ 10 bougies (n° 119).

Nous avons vu qu'une pareille lampe avait un pouvoir éclairant équivalent à celui d'un bec de gaz Bengel brûlant 180 litres à l'heure. Si le gaz vaut 0 fr. 30 le mètre cube, comme à Paris, un bec brûlant 180 litres coûtera 0 fr. 054 par heure pour la dépense de gaz seule, non compris l'amortissement de la canalisation du gaz, et 0 fr. 059 en comprenant cet amortissement.

Dans ces conditions, un faible avantage resterait en faveur de l'éclairage électrique. Bien entendu, ces chiffres sont très variables avec les conditions de l'installation, avec le prix de la houille, le salaire des ouvriers, etc. Dans notre exemple particulier, nous avons supposé implicitement que l'installation était faite en dehors de Paris, car dans Paris le prix du cheval-heure, y compris l'amortissement du matériel et le salaire des ouvriers, doit être au moins évalué à 0 fr. 40 dans les petites installations, ce qui porterait à 0 fr. 056 le prix de l'heure d'éclairage d'une lampe de 16 bougies, et à 0 fr. 035 le prix du carcel-heure.

204. Éclairage par accumulateurs. — Nous avons admis également que l'éclairage était directement obtenu par les dynamos, sans passer par l'intermédiaire d'accumulateurs. Dans ce dernier cas, en effet, il faudrait tenir compte du faible rendement des accumulateurs (n° 95). Comme on ne peut pas espérer un rendement permanent de plus de 70 pour cent, même dans de très bonnes installations, le travail en chevaux-vapeur nécessaire pour l'éclairage de la lampe considérée devrait être majoré dans le rapport de 70 à 100, et par suite la dépense de force motrice atteindrait 0 fr. 063 par heure à Paris ; il faudrait également ajouter à l'amortissement de l'installation celui des accumulateurs, soit environ 0 fr. 012.

On arrive ainsi à un total de 0 fr. 087 par heure pour la lampe de 16 bougies, à Paris, dans de petites installations, lorsqu'on emploie des accumulateurs. On voit que ce prix est relativement très élevé et que dans ces conditions l'éclairage électrique à incandescence ne pourrait pas soutenir la concurrence du gaz.

Nous avons supposé, il est vrai, les circonstances les plus défavorables pour l'électricité : d'une part l'emploi

d'accumulateurs, et de l'autre, l'usage d'un moteur spécial pour actionner les dynamos.

Si, au lieu de cela, la dynamo est mise en mouvement par
une transmission secondaire menée par le moteur général
d'une usine ; si elle est installée, comme nous l'avons
conseillé, tout près de la salle des machines, de telle sorte
que le mécanicien puisse la conduire en même temps que
ses moteurs, les conditions sont toutes différentes : le prix
du cheval-heure de force motrice, frais accessoires compris, pourra être réduit à 0 fr. 15 à Paris, si les machines
à vapeur sont d'une moyenne importance et bien construites, de sorte que le prix de revient total de l'éclairage
d'un bec de 16 bougies ressortira seulement à 0 fr. 028 par
heure dans le cas de l'éclairage direct, et à 0 fr. 046 dans
le cas de l'éclairage par accumulateurs, ce qui correspond
respectivement à 0 fr. 018 (éclairage direct) et à 0 fr.
029 (accumulateurs) pour le prix du carcel-heure, à
Paris.

205. Résumé. — On voit, d'après ces calculs plus ou moins
approximatifs, que le prix de revient de la lumière à incandescence est très variable suivant les conditions de l'établissement où on l'installe. A Paris, lorsqu'elle est produite
dans une usine particulière où il existe déjà une force
motrice bien organisée, elle coûte sensiblement moins
cher que dans le cas de l'éclairage direct. Le prix de revient correspond à peu près à la dépense de gaz, lorsqu'on
passe par l'intermédiaire d'accumulateurs. En province, on
peut obtenir des résultats beaucoup plus économiques et
variables avec le cours de la houille et le prix des salaires
des ouvriers.

Au contraire, quand il faut installer un moteur à vapeur
spécial pour actionner les dynamos, le prix de revient de
la lumière électrique par incandescence peut dépasser no-

tablement celui de l'éclairage au gaz, surtout lorsqu'on est obligé de recourir aux accumulateurs.

MODES D'ÉCLAIRAGE.	PRIX DE REVIENT MOYEN, A PARIS.	
	LAMPES à incandescence de 16 bougies, ou Bec Bengel brûlant 180 litres de gaz à l'heure.	CARCEL-HEURE.
	fr.	fr.
Dynamo actionnée par (moteur spécial.	0,056	0,035
transmission se-condaire. . .	0,028	0,018
Accumulateurs (moteur spécial. .	0,087	0,054
et dynamo ac-) transmission se-tionnée par (condaire. . .	0,046	0,029
Gaz.	0,059	0,037

Le tableau ci-dessus résume les conclusions précédentes.

Nous avons supposé dans nos exemples que le moteur de l'usine productrice de l'électricité était une machine à vapeur. Si l'on emploie un moteur hydraulique, les prix de revient sont un peu plus faibles que dans le premier cas ; si l'on se sert au contraire d'un moteur à gaz, ils sont en général sensiblement plus élevés.

206. Lampes à arc. — Supposons que, dans une usine éclairée au moyen de lampes à arc, on produise directement la lumière par une dynamo alimentant des régulateurs de 50 carcels, et que chaque bec de 50 carcels ait coûté 500 francs d'installation première, y compris la portion de la canalisation et de la dynamo qui lui est afférente.

Le prix de revient de l'éclairage de ce bec pendant une heure comprend les éléments suivants :

1° Intérêt et amortissement, à 15 pour 100, du prix d'ins-

tallation de 500 francs, soit 75 francs pour l'année. Si,
comme dans l'exemple précédent, nous admettons 1.000
heures d'éclairage par an, la fraction de l'amortissement
correspondant à une heure est égale à 0 fr. 075.

2° Force motrice. Supposons que le régulateur exige
5,75 watts par carcel (n° 157), la dépense totale pour le
bec sera de 287,5 watts pour 50 carcels, soit

$$\frac{287.5}{9,808 \times 75} = 0,39 \text{ cheval-vapeur (n° 31)},$$

en admettant un rendement théorique de 100 pour 100
pour la dynamo.

Nous avons vu qu'il faut d'abord majorer ce chiffre de
40 pour 100 environ afin de tenir compte de la perte
absorbée par le rhéostat de réglage (n° 158), qu'on est
obligé de placer dans la dérivation des lampes à arc. On
arrive ainsi à 0,55 cheval-vapeur pour chaque foyer. En
outre, comme dans le cas des lampes à incandescence, il
y a lieu de tenir compte du rendement de la dynamo, et
pour cela il faut augmenter le chiffre précédent de 30
pour 100. On obtient alors environ 0,72 cheval-vapeur par
foyer.

En admettant pour le prix du cheval-vapeur une
moyenne de 0 fr. 20 par heure, comprenant tous frais
accessoires, la dépense de force motrice peut être évaluée,
par heure, à 0 fr. 144.

3° Remplacement des charbons. Le remplacement des
charbons constitue une dépense constante dans les lampes
à arc, tout comme le remplacement des lampes dans le cas
de l'incandescence. Nous avons vu (n° 159) que l'intensité
du courant nécessaire aux régulateurs de 50 carcels est à
peu près égale à 6, 9 ampères. On emploie pour cette intensité des charbons de 7,5 et 11 millimètres (n° 154). Les
crayons de 11 millimètres, positifs, à âme, valent environ

1 fr. le mètre, et les crayons négatifs, homogènes, de 7,5
millimètres, coûtent 0 fr. 55 (n° 186). L'usure des charbons étant de 8 centimètres par heure en moyenne (n° 153)
pour les deux réunis, soit de 5 centimètres pour le charbon positif à âme et de 3 centimètres pour le charbon négatif, la dépense occasionnée par le remplacement des
charbons se monte, par heure, à 0 fr. 067.

Le prix de revient total résultant de l'allumage d'une
pareille lampe pendant une heure se monte par suite à
0 fr. 29, soit à 0 fr 0058 par carcel-heure. Ce prix représente une moyenne et varie, bien entendu, dans des limites
assez étendues suivant les conditions de l'installation. Il
s'abaisse notablement lorsque le nombre et la puissance
des lampes augmente ou lorsque le prix du cheval-vapeur
diminue.

207. Comparaison avec l'éclairage au gaz. — Il est assez
difficile d'établir une comparaison entre l'éclairage par
lampes à arc et par le gaz ; la puissance lumineuse des
régulateurs, destinés à éclairer une grande surface, exige
en effet qu'ils soient placés à une assez grande hauteur
au-dessus du sol, et par suite à une distance notable des
objets à éclairer. Comme nous l'avons fait remarquer à
propos de la comparaison des lampes à arc et à incandescence (n° 162), il est nécessaire de diffuser dans l'espace
une très grande quantité de lumière lorsqu'on emploie
l'arc. Il ne serait donc pas équitable de comparer brutale-
ment le prix de la quantité totale de lumière émise par un
régulateur à arc avec celui d'une quantité de lumière
équivalente obtenue au moyen de becs de gaz ordinaires.
Nous ne le faisons dans le paragraphe suivant qu'à titre
de simple renseignement. Tout au plus se rapprocherait-
on de la vérité en prenant pour terme de comparaison les
becs de gaz intensifs. Dans ces derniers appareils, d'ail-

leurs, l'intensité lumineuse n'est augmentée qu'au prix
d'une consommation de gaz assez élevée ; pour éclairer
une même surface avec des foyers intensifs, il faut user
plus de gaz qu'avec les becs ordinaires, et répandre dans
l'espace une quantité totale de lumière plus importante,
de même que pour éclairer une même surface, il faut répandre dans l'espace une plus forte quantité de lumière avec
les régulateurs qu'avec les lampes à incandescence.

Pour faire une comparaison ayant un réel caractère pratique, il faut mettre en parallèle, dans chaque exemple
particulier, le prix de revient de l'éclairage d'une salle
par des lampes à arc, d'une part, et celui de la même salle
par le gaz, d'autre part, en ne tenant plus compte de la
quantité totale de lumière produite dans chacun des deux
systèmes concurrents, mais en se basant sur les quantités
de lumière électrique ou au gaz à émettre pour obtenir un
même résultat pratique, indépendamment des dispositions
spéciales qu'on adopte pour les brûleurs dans les deux
modes d'éclairage.

**208. Comparaison entre les prix de revient de deux quan-
tités de lumière égales.** — Les meilleurs becs intensifs con-
somment 50 litres de gaz par carcel et par heure. Pour
obtenir un éclairage total de 50 carcels, il faut brûler
2,500 litres de gaz. En supposant le prix du mètre cube
de gaz égal à 0 fr. 30, la dépense correspondante au gaz
consommé par ce lustre atteindrait 0 fr. 75 par heure, soit
0 fr. 015 par carcel-heure, non compris l'amortissement
de l'installation, et à 0 fr. 020 en comprenant les frais d'a-
mortissement, au lieu de 0 fr. 0058 dans le cas de l'éclairage par régulateurs à arc électrique.

**209. Comparaison entre les prix de revient de deux éclaira-
ges superficiels semblables.** — Si le bec à arc de 50 carcels
est destiné à brûler dans un atelier où le travail n'exige

pas un éclairement particulièrement intense, il est suffisant pour permettre d'éclairer 70 mètres carrés environ. Pour obtenir un bon éclairage au gaz de la même surface, il faudrait installer 2 becs intensifs de 15 carcels chacun, brûlant ensemble 1,500 litres à l'heure, ce qui conduirait, en admettant 0 fr. 30 pour prix du mètre cube, à une dépense de 0 fr. 45 pour la valeur du gaz seul, non compris l'amortissement de la canalisation et de l'appareillage, et de 0 fr. 50 en comprenant cet amortissement, au lieu d'une dépense de 0 fr. 29 évaluée pour le même éclairement obtenu au moyen de régulateurs électriques.

210. Résumé. — On voit en résumé par ces indications approximatives que la lumière produite par les lampes à arc est plus économique que celle du gaz. La marge notable que nous avons trouvée dans la comparaison des deux éclairages prouve que l'avantage resterait encore à l'éclairage électrique, même si la force motrice coûtait un peu plus cher et le gaz un peu moins cher que nous ne l'avons supposé, tout en restant dans les limites de la pratique.

SEPTIÈME PARTIE

EXEMPLES PRATIQUES D'INSTALLA-
TIONS.

---

211. Exposé. — Nous allons développer, dans ce chapitre, es calculs de trois exemples d'installations de lumière électrique, comprenant à peu près tous les cas qui se présentent le plus habituellement dans de petits agencements.

Ces exemples pourront par suite servir de guides pour la grande majorité des problèmes qui se posent dans les éclairages particuliers.

Dans le premier, nous étudierons l'éclairage d'un appartement situé dans une ville où il existe une canalisation de lumière électrique. L'installation particulière sera branchée sur les conducteurs généraux de l'usine centrale.

Dans le deuxième, nous admettrons qu'il s'agit d'éclairer un café avec jardin. Les salles de café sont munies de lampes à incandescence, et dans le jardin sont allumées des lampes à arc. Comme l'établissement n'utilise pas de travail mécanique dans la journée, la force motrice nécessaire pour l'éclairage est engendrée par un moteur à gaz fonctionnant seulement pendant la soirée, et uniquement employé à faire tourner les dynamos.

Enfin, dans le troisième cas, nous examinerons un

exemple d'éclairage d'usine où il existe une machine à
vapeur actionnant des transmissions pour le service des
ateliers. Une dynamo, embrayée sur l'un des arbres généraux, alimente directement dans la soirée des lampes à
arc et à incandescence pour éclairer les ateliers. Dans la
journée, elle charge des accumulateurs destinés à l'allumage, à partir de la tombée de la nuit, de lampes à incan-

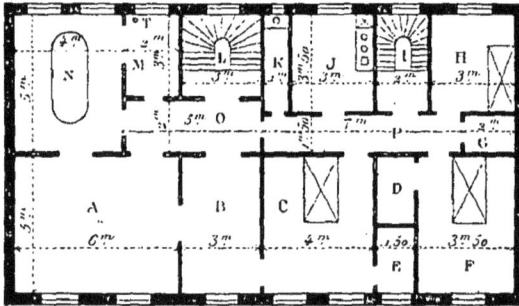

Fig. 48.

A Grand Salon. — B Petit Salon. — C Chambre n° 1. — D Cabinet de toilette n° 2
— E Cabinet de toilette n° 1. — F Chambre n° 2. — G Salle de bains. — H Chambre
n° 3. — I Escalier de service. — J Cuisine. — K Water-Closets. — L Escalier. —
M Office. — N Salle à manger. — O Antichambre. — P Couloir.

descence situées dans les bureaux et les appartements du
directeur de l'usine.

212. Prix élémentaires. — Comme prix de revient élémentaires, nous admettrons que le kilowatt d'énergie électrique vendue par l'usine centrale coûte 1 fr. 50 par heure
(prix maximum à Paris), que le cheval-vapeur pris sur les
transmissions générales des ateliers de l'usine particulière
revienne à 0 fr. 20 par heure, y compris les frais de surveillance et de graissage, que le gaz est payé 0 fr. 30 par
mètre cube, aussi bien pour l'éclairage que pour le service
industriel du moteur, et enfin que celui-ci consomme 1,000
litres de gaz à l'heure.

PREMIER EXEMPLE

ÉCLAIRAGE PROVENANT D'UNE USINE CENTRALE.

213. Données. — L'appartement se compose, comme l'indique le plan (fig. 48), d'un grand salon de 30 mètres carrés, d'un petit salon de 15 mètres carrés, d'une salle à manger de 20 mètres carrés, de trois chambres à coucher de 20, 17 et 10 mètres carrés, de deux petits cabinets de toilette, deux escaliers, une cuisine, une salle de bains, un office, un cabinet d'aisances, une antichambre et un couloir. L'étage auquel est situé l'appartement a 3,50 mètres de hauteur.

D'après ce que nous avons vu au n° 130, il faut compter une bougie et demie par mètre carré, chiffre suffisant pour une hauteur d'étage de 3,50 mètres. Supposons que nous disposions de lampes de 20, 16, 10 et 8 bougies. Le nombre total de bougies et leur répartition par pièce sont donnés par le tableau suivant :

PIÈCES.	SURFACE en mètres carrés.	NOMBRE total de bougies.	NOMBRE ET MODULES de lampes.		
A grand salon. . .	30m2	45	3 lampes de 16 bougies		
B petit salon. . .	15	22	1	—	20 —
C chambre. . . .	20	30	2	—	16 —
D, E, G, K, petites pièces.	3 à 4	6	1	—	8 —
F chambre. . . .	17,50	25	2	—	10 —
H chambre. . . .	10,50	16	1	—	16 —
I escalier. . . .	7	10	1	—	10 —
J cuisine. . . .	10,50	16	1	—	16 —
L escalier. . . .	9	14	1	—	16 —
M office.	6	9	1	—	8 —
N salle à manger.	20	30	2	—	16 —
O antichambre. . .	10	15	1	—	16 —
P couloir.	10,5	16	1	—	16 —

6*

Dans un appartement, toutes les pièces ne sont pas éclairées aux mêmes instants. Il y a intérêt, au point de vue de la bonne utilisation des conducteurs et de la régularité de l'éclairage, à installer des circuits spéciaux comprenant chacun un certain nombre de lampes qui brûlent en même temps (n° 142).

Nous pourrons établir, par exemple, quatre circuits : le premier comprendra les deux escaliers, le petit salon, l'antichambre, le couloir, la cuisine et les lieux d'aisances. Son interrupteur sera ouvert en permanence. Le deuxième se composera des lampes des trois chambres à coucher avec leurs cabinets de toilette et la salle de bains ; le troisième comprendra la salle à manger et l'office, et le quatrième sera spécial au grand salon.

214. Dispositions générales. — Nous supposerons que le compteur et le tableau de distribution sont placés dans l'office, près de l'angle de la salle à manger, au point T, et que la force électromotrice du courant envoyé par l'usine centrale est de 110 volts, cette tension étant mesurée au voltmètre du tableau de distribution.

Du tableau de distribution (fig. 53) où sont établis un interrupteur et un coupe-circuit généraux bipolaires, partent les quatre circuits spéciaux, à l'origine de chacun desquels sont placés un interrupteur et un coupe-circuit. Chaque lampe est également munie d'un coupe-circuit et d'un interrupteur fixés au mur. Pour le lustre du salon, un interrupteur à clef et un petit coupe-circuit pour chaque lampe sont masqués dans les ornements du lustre ; de plus, un interrupteur et un coupe-circuit permettent d'allumer le lustre en une seule fois. Les deux lampes de la suspension de la salle à manger sont allumées par un seul interrupteur et protégés par un coupe-circuit unique.

Dans chaque chambre à coucher, un commutateur permet

d'interposer dans le circuit d'une des lampes un rhéostat
de manière à lui faire donner seulement la lumière d'une
veilleuse, au moyen du dispositif que nous verrons plus
loin. Dans les grandes chambres à coucher, l'une des deux
lampes est pendue au plafond vers le milieu de la pièce ;
l'autre est placée en applique près de la tête du lit.

Le fil négatif est ininterrompu sur tout le parcours de la
canalisation, sauf au passage de l'interrupteur bipolaire
général. Tous les organes, commutateurs, rhéostats, coupe-
circuit, etc., sont intercalés dans le fil positif.

Tous les fils, recouverts d'un isolant moyen, sont dissi-
mulés sous des moulures clouées le long des murs et des
plafonds.

215. Perte en ligne. — Nous fixons la perte de charge
maxima dans la ligne à 2 pour 100, soit 2 volts. Cela conduit à adopter des lampes de 108 volts, puisque la force
électromotrice du courant de l'usine centrale est de
110 volts.

216. Intensité des courants. — Les lampes de 20, 16, 10
et 8 bougies absorbent respectivement, à raison de 3,5
watts par bougie (n° 126), 70, 56, 35 et 28 watts. Comme
elles sont tarées à 108 volts, les courants qui les traversent doivent avoir les intensités suivantes :

$$\frac{70}{108} = 0,65 \text{ ampère pour les lampes de 20 bougies.}$$
$$\frac{56}{108} = 0,52 \quad\quad — \quad\quad\quad 16 \quad —$$
$$\frac{35}{108} = 0,33 \quad\quad — \quad\quad\quad 10 \quad —$$
$$\frac{28}{108} = 0.26 \quad\quad — \quad\quad\quad 8 \quad —$$

217. 1er circuit. — Le schéma du premier circuit est indiqué en détail sur la figure 49. L'emplacement des lampes
étant bien déterminé, on choisit pour le circuit le chemin
le plus court passant dans toutes les pièces munies des
lampes qui font partie dudit circuit. Deux chemins indiqués

Sur la figure sont à peu près égaux, tout en circulant dans deux directions opposées : $T\,a\,b\,c\,d\,e\,f\,g$ et $T'\,h\,i\,j\,k\,l\,m\,n$. Il y aura donc avantage, comme nous l'avons vu (nᵒˢ 140 et 141) à employer le circuit bouclé.

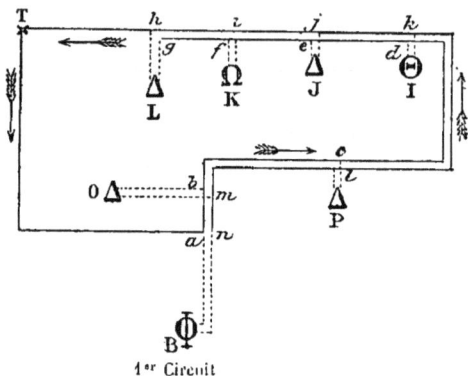

1ᵉʳ Circuit

Fig. 49.

Ta =	12ᵐ	Th =	5ᵐ50	nΦ =	15ᵐ
ab =	1ᵐ	hi =	2ᵐ	bΔ =	6ᵐ
bc =	4ᵐ	ij =	2ᵐ	cΔ =	4ᵐ
cd =	8ᵐ	jk =	2ᵐ50	dΘ =	8ᵐ
de =	2ᵐ50	kl =	8ᵐ	eΔ =	5ᵐ
ef =	2ᵐ	lm =	4ᵐ	fΩ =	6ᵐ
g =	2ᵐ	mn =	1ᵐ	gΔ =	10ᵐ

Lampes de 20 bougies Φ
Lampes de 16 bougies Δ
Lampes de 10 bougies Θ
Lampes de 8 bougies Ω

218. Longueur des conducteurs. — Les différentes lampes sont reliées dans chaque pièce aux fils principaux du circuit par une dérivation dans laquelle sont intercalés l'interrupteur et le coupe-circuit. Il faut naturellement comprendre dans la longueur des conducteurs celle du fil qui passe par l'interrupteur et le coupe-circuit de chaque lampe. Les chiffres de la légende de la figure 49 sont déterminés, en tenant compte de cette considération, d'après les cotes du plan ; nous avons admis dans la mesure des longueurs que les interrupteurs sont placés sur les murs le plus près possible des lampes, et à portée de la main.

219. Diamètres des fils. — Pour calculer le diamètre des fils conducteurs, il est nécessaire de connaître l'intensité du courant qui y circule. Le tableau suivant indique, pour chaque portion de conducteurs, le nombre et les espèces de lampes qu'il alimente et l'intensité qui en résulte à raison de 0,65 ampère pour les lampes de 20 bougies ; 0,52 ampère pour celles de 16 bougies ; 0,33 ampère pour celles de 10 bougies et 0,26 ampère pour celles de 8 bougies, comme nous l'avons vu plus haut.

CONDUCTEURS.	NOMBRE de lampes.	NOMBRE de bougies.	INTENSITÉ.
a φ	1	20	0,65
b△, c△, e △ g△	1	16	0,52
d ⊙	1	10	0,33
f Ω	1	8	0,26
f g	1	16	0,52
e f	1	16	0,78
	1	8	
d e	2	16	1,30
	1	8	
c d	2	16	1,63
	1	10	
	1	8	
b c	3	16	2,15
	1	10	
	1	8	
a b	4	16	2,67
	1	10	
	1	8	

CONDUCTEURS.	NOMBRE de lampes.	NOMBRE de bougies.	INTENSITÉ.
T a	1	20	
	4	16	3,32
	1	10	
	1	8	
m n	1	20	0,65
l m	1	20	1,17
	1	16	
k l	1	20	1,69
	2	16	
j k	1	20	
	2	16	2,02
	1	10	
i j	1	20	
	3	16	2,54
	1	10	
h i	1	20	
	3	16	2,80
	1	10	
	1	8	
T h	1	20	
	4	16	3,32
	1	10	
	1	8	

D'après ce que nous avons vu au n° 133, l'intensité maxima du courant qui peut passer dans des fils isolés et placés sous moulures est de 3 ampères par millimètre carré, lorsque l'intensité totale du courant est inférieure à 60 ampères, ce qui est le cas du présent exemple. En supposant que le diamètre des fils les plus minces dont nous nous servions soit de 1 millimètre, correspondant à une section de 0,79 millimètre carré (n° 312), c'est-à-dire à une intensité de 2,37 ampères, ce fil de 1 millimètre suffira pour toutes les parties du circuit, sauf pour $a\,b$, $T'a$, $i\,j$, $h\,i$,

7 h. Pour ces dernières portions, un fil de 1,2 millimètre
de diamètre, ayant une section de 1,13 millimètre carré,
sera suffisant.

220. Pertes de charge. — En admettant provisoirement
ces diamètres, voyons s'ils conduisent à un chiffre supérieur ou inférieur à 2 volts pour la lampe du circuit qui
correspond à la plus grande perte de charge, soit la lampe
du milieu, puisque le circuit est bouclé (no 140). Calculons,
par exemple, la perte de charge subie par la lampe de
l'escalier de service, alimentée par le circuit $T\,h\,i\,j\,k\,\theta$
$d\,c\,b\,a\,T$.

La perte de charge occasionnée par une portion quelconque du circuit se calcule facilement l'aide du n° 313.
Ainsi, par exemple, la portion $i\,j$ qui est traversée par un
courant de 2,54 ampères et qui est formée par un fil de 1,2
millimètre de diamètre subit une perte de charge de

$$31, 69 + 7{,}92 + 0{,}63 = 40, 24 \text{ volts par kilomètre.}$$

Comme elle a une longueur de 2 mètres, le perte correspondant à cette partie du circuit est de 0,080 volt.

En évaluant de la sorte toutes les pertes de charge relatives aux différentes portions du circuit, on trouve que
la perte de charge, pour la lampe du milieu considérée,
est de 1,85 volt, c'est-à-dire inférieure à 2 volts. Les diamètres des fils choisis ne conduisant pas à une trop forte
chute de potentiel pour cette lampe conviennent donc
bien à la canalisation.

Les diamètres étant fixés, il faut calculer la perte de
charge qui en résulte pour chaque lampe en particulier.
Le tableau suivant, établi d'après les indications précédentes et celles du n° 138, fait ressortir les pertes de
charge relatives à chaque portion du circuit et à chaque
dérivation. Le simple examen de sa contexture fera comprendre son utilité. La dernière colonne, dans laquelle

on totalise les pertes de charge afférentes aux différentes portions de circuit ou branchement, donne la perte totale relative à chaque lampe.

LAMPES.	CONDUC-TEURS.	INTENSITÉS en ampères	DIAMÈTRES en millimètres	PERTES de charge par kilomètre en volts.	LONGUEURS en mètre.	PERTES DE CHARGE EN VOLTS.	
						PARTIELLES	DEPUIS l'origine.
	1er fil de la boucle.	a	mm	▼	m	▼	▼
	T h	3,32	1,2	52,61	5,50	0,29	0,29
	h i	2,80	1,2	44,37	2	0,09	0,38
	i j	2,54	1,2	40,24	2	0,08	0,46
	j k	2,02	1	46,09	2,50	0,12	0,58
	k l	1,69	1	38,56	8	0,31	0,89
	l m	1,17	1	26,70	4	0,11	1,00
	m n	0,65	1	14,83	1	0,02	1,02
	2e fil de la boucle.						
	T a	3,32	1,2	52,61	12	0,63	0.63
	a b	2,67	1,2	42,31	1	0,04	0,67
	b c	2,15	1	49,05	4	0,20	0,87
	c d	1,63	1	37,19	8	0,30	1,17
	d e	1,30	1	29,67	2.50	0,07	1,24
	e f	0,78	1	17,80	2	0,04	1,28
	f g	0,52	1	11,87	2	0,02	1,30
	branche-ments.						
Grand es-calier..	h △ g	0,52	1	11,87	10	0,12	1,71
Lieux d'aisances..	i Ω f	0,26	1	5,93	6	0,04	1,70
Cuisine..	j △ e	0,52	1	11,87	5	0,06	1,76
Escalier service.	k ʘ d	0,33	1	7,53	8	0,06	1,81
Couloir. .	l △ c	0,52	1	11,87	4	0,05	1,81
Anti-chambre.	m △ b	0,52	1	11,87	6	0,07	1,74
Petit sa-lon....	n Φ a	0,65	1	14,83	15	0,22	1,85

Les lampes sont tarées à 108 volts; la perte de charge depuis la source jusqu'à leurs bornes devrait par suite être de 2 volts exactement. Les chiffres du tableau signa-lant un écart de moins d'un demi-volt entre la perte de charge effective et 2 volts, on peut se contenter de cette approximation, comme nous l'avons vu au n° 128. Une différence d'un demi-volt sur cent est inappréciable à l'œil et n'a pas d'influence sensible sur la durée des lampes. Les diamètres indiqués au tableau ci-dessus conviennent donc bien

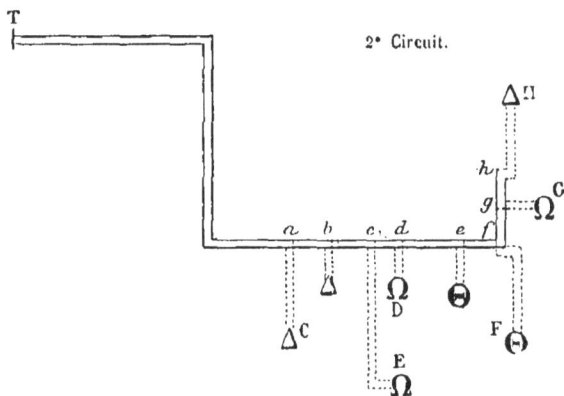

Fig. 50

Ta	= 12m	aΔ	= 11m
ab	= 1m	bΔ	= 5m
bc	= 1m	cΩ	= 13m
cd	= 0m75	dΩ	= 8m
de	= 1m50	eϴ	= 11m
ef	= 1m	fϴ	= 5m
fg	= 1m	gΩ	= , m
gh	= 1m	hΔ	= 11m

pour les fils, et il n'y a pas lieu d'intercaler de résistances supplémentaires dans les circuits particuliers des lampes.

221. 2me circuit. — Pour le deuxième circuit, il y a avantage à employer le système des dérivations simples. Le circuit bouclé conduirait à une augmentation notable dans la longueur des conducteurs. Le schéma de la disposition adoptée est indiqué figure 50.

Nous avons choisi pour premier circuit le plus impor-

tant, et par suite celui qui conduit à la plus grande perte
de charge pour les lampes ; nous sommes donc à peu près
certains de pouvoir employer pour les autres circuits les
conducteurs dont nous nous sommes servis dans le cas
précédent, c'est-à-dire le fil de 1 millimètre de diamètre
pour les conducteurs dans lesquels l'intensité est inférieure à 2,37 ampères, et le fil de 1,2 millimètre pour
ceux dans lesquels l'intensité n'atteint pas 3,39 ampères.

Le tableau suivant est calculé en adoptant ces diamètres;
les chiffres de la dernière colonne sont obtenus, pour les
branchements, en ajoutant à la perte de charge de chaque
branchement particulier le double de celle qui résulte du
conducteur principal, pour tenir compte du fil de retour.

LAMPES.	CONDUC-TEURS.	INTENSITÉS en ampères.	DIAMÈTRES en millimètres.	PERTES de charge par kilomètre en volts.	LONGUEURS en mètres.	PERTES DE CHARGE EN VOLTS.	
						PAR-TIELLES.	DEPUIS l'origine
	fils princi-paux						
	T a	3ᴬ	1,mm2	45,ᵛ74	12ᵐ	0,ᵛ57	0,ᵛ57
	a b	2,48	1,2	39.30	1	0,01	0,61
	b c	1,96	1	44,72	1	0,04	0,65
	c d	1,70	1	38,79	0,75	0,03	0,68
	d e	1,44	1	32,86	1,50	0.05	0,73
	e f	1 11	1	25,33	1	0,03	0,76
	f g	0,78	1	17,8₀	1	0,02	0,78
	g h	0,52	1	11,87	1	0,01	0,79
	branche-ments.						
Chambre n°1	a △	0,52	1	11,87	11	0,13	1,27
	b △	0,52	1	11,87	5	0,06	1,28
Cabinet de toilette n°1.	c Ω	0,26	1	5.93	13	0,07	1,37
Cabinet de toilette n° 2.	d Ω	0,26	1	5,93	8	0,05	1,41
Chambre n°2	e Θ	0,33	1	7,53	11	0,08	1,54
	f Θ	0,33	1	7,53	5	0,04	1,56
Salle de bains. . .	g Ω	0,26	1	5,93	9	0,05	1,61
Chambre n°3	h △	0,52	1	11,87	11	0,13	1,71

Les pertes de charge varient de 1,27 volt à 1,71 volt ;
la différence de potentiel aux bornes des lampes variera
par suite de 108,73 à 108,29 volts. Bien qu'elles soient
tarées à 108 volts, elles pourront supporter cette petite
différence sans inconvénient. Les diamètres indiqués conviennent donc bien pour les fils, et il n'y a pas lieu, pour
les lampes de ce circuit, d'intercaler de résistances de ré·
glage dans la canalisation.

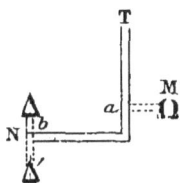

3ᵉ Circuit.

$Ta = 1^m50$ $a\Omega = 7^m$
$ab = 8^m$ $b\Delta = 2^m50$
                    $b\Delta' = 2^m50$

Fig. 51.

222. 3ᵐᵉ circuit.. Le 3ᵐᵉ circuit est représenté schéma-
tiquement sur la figure 51, qui indique la disposition la
plus simple à adopter. Le tableau suivant résume les longueurs de fils, les intensités et les pertes de charge relatives à chaque lampe. Il est établi de la même manière que
les précédents.

LAMPES.	CONDUC-TEURS.	INTENSITÉS en ampères.	DIAMÈTRES en millimètres.	PERTES de charge par kilomètre en volts.	LONGUEURS en mètres.	PERTES DE CHARGE EN VOLTS.	
						PAR-TIELLES.	DEPUIS l'origine.
	fils princi-paux.						
	T a	1,ᵃ30	1ᵐᵐ	20,ᵛ67	1,ᵐ50	0,ᵛ04	0,ᵛ04
	a b	1,04	1	23,73	8	0,19	0,23
	branche-ments.						
Office. . . .	a Ω	0,26	1	5,93	7	0,04	0,12
Salle à man-	b Δ	0,52	1	11,87	2,50	0,03	0,49
ger. . . .	b Δ'	0,52	1	11,87	2,50	0,03	0,49

Les pertes de charge variant de 0,12 volt à 0,49 volt, la différence de potentiel aux bornes des lampes variera de 109,88 volts à 109,51 volts. Cette tension est un peu trop élevée pour des lampes de 108 volts, et il est bon d'intercaler dans leur circuit une résistance complémentaire, comme nous l'avons indiqué au n° 137. Afin de n'employer qu'une seule résistance pour les trois lampes, nous la placerons sur le fil principal T a. Un fil de ferro-nickel de 1 millimètre de diamètre, suffisant pour un courant de 1,30 ampère (n° 314) a une résistance de 1,015 ohm par mètre à la température moyenne qu'il ne dépassera pas en service courant. Un courant de 1,30 ampère y subit une perte de charge de 1,32 volt par mètre. La substitution d'un mètre de ce ferronickel à un mètre de fil de cuivre de 1 millimètre de diamètre produira par suite un abaissement de potentiel de

$$1.32 - 0,03 = 1,29 \text{ volt,}$$

dans la portion T a du conducteur principal.

Comme nous voulons amener à 108 volts la tension la plus faible, qui est actuellement de 109,51 volts, il faudra faire subir au courant une perte de charge de 1,51 volt, c'est-à-dire employer un morceau de ferro-nickel ayant

$$\frac{1.51}{1.29} = 1,20 \text{ mètres environ}$$

de longueur et 1 millimètre de diamètre.

Cette résistance intercalaire réduira à 108 volts la différence de potentiel aux bornes des lampes de la salle à manger ; la lampe de l'office marchera à 108,37 volts, ce qui est parfaitement admissible.

223. 4ᵐᵉ circuit. — Le 4ᵐᵉ circuit se compose d'un seul conducteur double amenant le courant au lustre du salon à trois lampes, comme l'indique la figure schématique n° 52. Le tableau ci-dessous, calculé comme les précédents, donne la perte de charge aux becs du lustre.

LAMPES.	CONDUCTEURS.	INTENSITÉS en ampères.	DIAMÈTRES en millimètres.	PERTES de charge par kilomètre en volts.	LONGUEURS en mètres.	PERTES DE CHARGE EN VOLTS.	
						PAR- TIELLES.	DEPUIS l'origine.
	fil principal. T a	a 1,56	mm 1	▼ 35,60	m 11	▼ ,39	
G r a n d salon.. .	branchements. aΔ=aΔ′=aΔ″	0,52	1	11,87	2	0,02	0,▼80

La différence de potentiel aux bornes des lampes serait, d'après le tableau, de 109,20 volts. Pour la ramener à 108 volts, il est bon d'intercaler dans le fil Ta une résistance de réglage calculée comme ci-dessus. Un fil de ferro-nickel, traversé par un courant de 1,56 ampère, produit une perte de charge de 1,58 volts, sa résistance étant de 1,015 ohm par mètre. Sa substitution à un fil de cuivre de 1 millimètre de diamètre provoque un supplément de perte de charge de

$$1,58 — 0,03 = 1,55 \text{ volt.}$$

4° Circuit.

Ta = 11^m
aΔ = 2^m
aΔ′ = 2^m
aΔ″ = 2^m

Fig. 52.

Pour abaisser le voltage des ampes de 1,20 volt, il faudra substituer le ferro-nickel au cuivre sur une longueur de 78 centimètres. Dans ces conditions, la différence de potentiel aux bornes des lampes sera exactement de 108 volts.

224. Lampes veilleuses. — Dans les chambres à coucher,

on peut se proposer de faire baisser à volonté l'intensité
lumineuse des lampes au point de les réduire à l'état de
simple veilleuse. Pour y arriver, il suffira de remplacer,
sur un des fils de branchement qui conduisent aux lampes,
l'interrupteur par un commutateur à deux directions et
une touche nulle, permettant de faire passer à volonté le
courant soit dans le fil direct, soit dans une résistance convenablement appropriée, comme
l'indique la figure 53, soit encore
de le supprimer lorsqu'on place
la manette sur la touche nulle, en
éteignant par suite la lampe dans
cette position.

Le calcul de cette résistance
est facile à établir. Nous avons
vu au n° 128 que l'éclat d'une
même lampe à incandescence est
très variable avec le courant qui
la traverse. Pour réduire l'in-

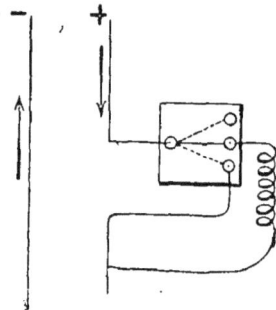

Fig. 53.

tensité lumineuse d'une lampe de 16 bougies et 108 volts
à celle d'une simple veilleuse, il suffit de la faire traverser par un courant ayant environ 70 volts aux bornes de la lampe. Il faut donc provoquer une chute de 38
volts dans le conducteur. La résistance des lampes de 16
bougies que nous employons est donnée par la loi d'Ohm :

$$E = I R.$$

Si l'on fait E = 108 et I = 0,52, on en déduit

$$R = \frac{108}{0,52} = 208 \text{ ohms.}$$

Pour obtenir une différence de potentiel de 70 volts aux
bornes de la lampe, l'intensité du courant devra être de

$$I = \frac{E}{R} = \frac{70}{208} = 0,33 \text{ ampère.}$$

Prenons comme rhéostat une spirale de fil de ferro-
nickel ayant 0,5 millimètre de diamètre ; la résistance du
mètre de ce fil, à la température ordinaire, est de 4,063
ohms (n° 314) ; ce mètre de fil, traversé par un courant de
0,33 ampère, provoque une chute de potentiel de

$$4,063 \times 0,33 = 1,34 \text{ volt},$$

et pour obtenir une chute de 38 volts, il faut employer
une spirale de

$$\frac{38}{1,34} = 28,40 \text{ mètres.}$$

Nous n'avons pas tenu compte dans le calcul de la différence de régime introduite dans la canalisation par le
passage du courant de 0,33 ampère, qui est substitué au
courant de 0,52 ampère, ni de l'extinction des autres lampes de la chambre et même du circuit général. Ces changements, dont l'effet tend à diminuer la perte de charge
dans les conducteurs (n° 142), et par suite à relever le voltage, conduisent à une augmentation insignifiante de 1
volt environ pour la différence de potentiel aux bornes des
lampes veilleuses.

Ces petits rhéostats fixes, très faciles à installer, pourraient trouver dans la pratique beaucoup plus d'applications qu'ils n'en reçoivent.

225. Tableau de distribution. — Le tableau de distribution,.
le plus simple qu'on puisse imaginer, est dessiné figure 54.

Les coupe-circuit sont établis de manière à fondre à une
intensité à peu près égale à une fois et demie celle du circuit qu'ils sont destinés à protéger. L'intensité totale du
courant circulant dans l'appartement est égale à la somme
des intensités des quatre circuits, soit 9,18 ampères. Les
coupe-circuit devront donc fondre à 14 ampères pour le
fil général d'amenée et respectivement à 5 ampères, 5 am-

pères, 2 ampères et 3 ampères pour les conducteurs principaux des 1ᵉʳ, 2ᵉ, 3ᵉ et 4ᵉ circuit.

Le fil général, jusqu'aux points de branchements, devant supporter un courant de 9,18 ampères, aura une section minima de 3,08 millimètres carrés à raison de 3 ampères

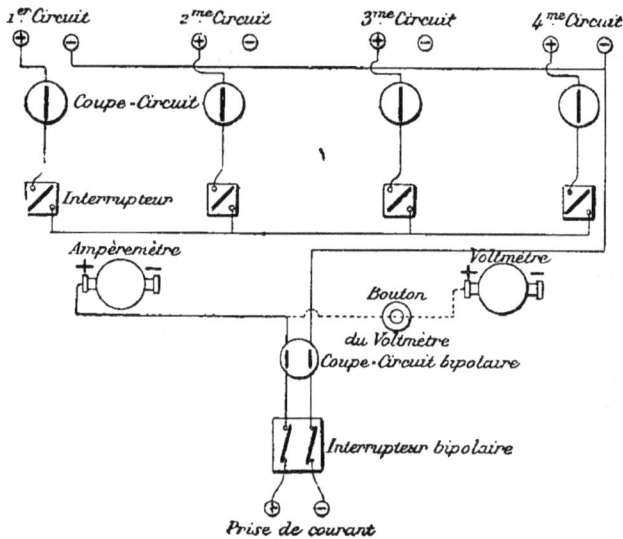

Fig. 54.

par millimètre carré, et par suite un diamètre de 2 millimètres.

226. Remarque. — Dans la fixation du nombre de bougies des différents types de lampes, nous avons suivi strictement la règle que nous nous étions imposée (une bougie et demie par mètre carré), et elle nous a conduit à employer quatre modules de lampes. Dans la pratique, ce serait beaucoup trop ; il y aurait certainement confusion entre les différents numéros lorsqu'il s'agirait de remplacer les

lampes cassées. Il est infiniment préférable de n'avoir que
deux modèles : 16 et 10 bougies conviennent très bien en
général. On remplace alors une lampe de 20 bougies par
deux de 10, et chaque lampe de 8 bougies par une de 10,
ce qui conduit à un supplément de dépense très faible. Si
nous avons maintenu quatre modules de lampes, c'est uniquement pour montrer que les calculs restent très simples
malgré cette complication apparente.

227. Devis. — Le devis approximatif d'une pareille installation est très facile à établir d'après les indications contenues dans les numéros 179 à 198. Il est détaillé au tableau
ci-dessous.

DÉTAIL DES FOURNITURES, APPAREILS ET USTENSILES.	NOMBRE.	PRIX de l'unité.	DÉPENSE totale.
		fr	fr
Compteur (coulombs-mètre) de 50 ampères.	1	180	180
Voltmètre.	1	60	60
Ampèremètre.	1	50	50
Interrupteur bipolaire de 10 ampères. . .	1	18	18
Interrupteurs simples de 5 ampères. . . .	4	3	12
Coupe-circuit bipolaire de 14 ampères. . .	1	8	8
Coupe-circuit de 5 ampères (tableau de dis-			
tribution).	4	2	8
Bornes de contact.	10	1	10
Tableau de distribution.	1	40	40
Lustres à 3 becs pour le grand salon. . .	1	250	250
Lustre à 1 bec pour le petit salon. . . .	1	80	80
Lampe des chambres à coucher.	3	50	150
Appliques des chambres à coucher. . . .	2	20	40
Lustre de la salle à manger.	1	150	150
Lanternes du grand escalier et de l'anti-			
chambre.	2	20	40
Lampes ou appliques de la cuisine, cabinet			
de toilette, etc.	9	5	45
Douilles de lampes à incandescence. . . .	21	2	42
Lampes à incandescence.	21	2,50	52,50
Interrupteurs de 5 ampères.	19	3	57
Commutateurs à 2 directions et 1 touche			
nulle (chambres).	3	9	27
Résistances pour veilleuses.	3	20	60
Coupe-circuit de 5 ampères.	17	2	34

DÉTAIL DES FOURNITURES, APPAREILS ET USTENSILES.	NOMBRE.	PRIX de l'unité.	DÉPENSE totale.
		fr.	fr.
Fil de 1.2 millimètre, isolement moyen (au kilomètre).	50ᵐ	170	8,50
Fil de 1 millimètre (au kilomètre). . . .	240ᵐ	135	32,40
Fil de ferro-nickel id.	2ᵐ	40	0,08
Pose des fils. . . (au mètre). . . .	292	0,20	58,40
Pose des lampes et accessoires.			30
Somme à valoir pour travaux imprévus. .			57,12
Total.			1600 »

Les frais de l'installation complète de la canalisation, des lustres, des lampes, etc., s'élèvent par suite à 1,600 fr. environ.

228. Prix de revient du carcel-heure. — Les 24 lampes produisent en tout une intensité lumineuse de 276 bougies soit environ 27,6 carcels.

Elles absorbent un courant total de 110 volts et 9,18 ampères, soit 1.010 watts. Le prix du kilowatt-heure étant de 1 fr. 50 (n° 212), l'allumage de toutes les lampes coûte

$$1,010 \times 1.50 = 1 \text{ fr. } 515, \text{ soit.} \quad . \quad 1 \text{ fr. } 515.$$

Il faut ajouter à ce prix, comme dans l'exemple du n° 203 :

1° L'intérêt et l'amortissement de l'installation, comptés à 10 pour 100 par an, soit 160 francs par an. En admettant un éclairage de 1.000 heures, pour tenir compte de ce que toutes les lampes ne sont pas allumées à la fois (au lieu de 1.820, n° 200), cet élément grève le prix de l'heure de 0 fr. 16, soit. 0,16

2° Le remplacement des lampes. Les lampes brûlant pendant 1,000 heures au minimum (n° 128), et leur prix d'achat étant de 52 fr. 50, il faut ajouter aux sommes précédentes. . . . . 0 fr. 053

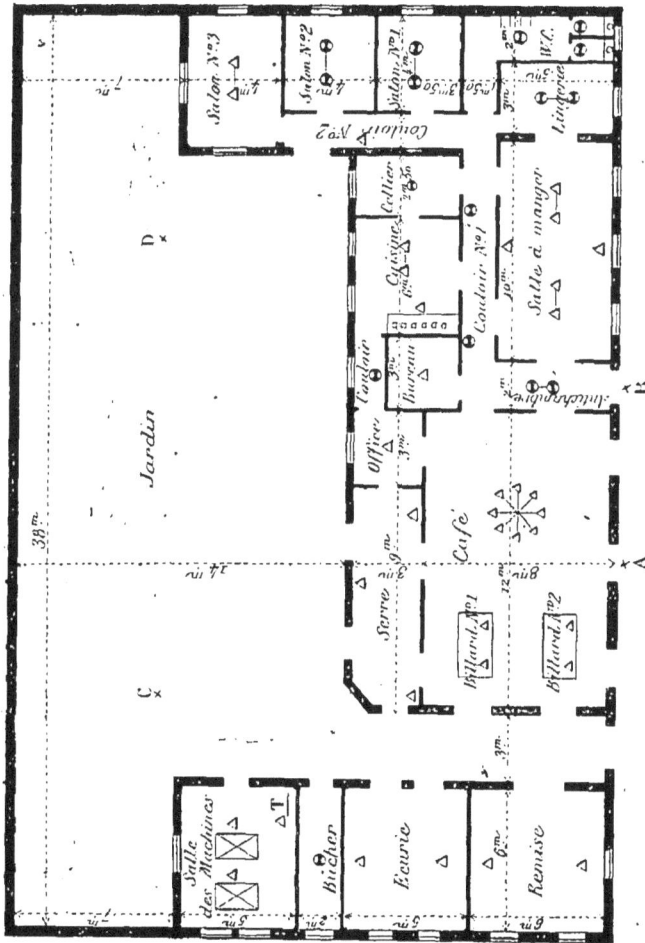

Fig. 55.

Le prix total de revient des 27,6 carcels-heure composant l'ensemble de l'éclairage est donc de. . 1 fr. 728
et le carcel-heure coûte par suite

$$\frac{1,728}{27,6} = 0,063.$$

Le carcel-heure d'éclairage au gaz, à raison de 105 litres de gaz à l'heure (n° 121) et de 0 fr. 30 le mètre cube, revient à 0 fr. 0315, auxquels il faut ajouter l'amortissement de l'installation pouvant être évaluée à 0 fr. 0055 par carcel-heure. Le prix total, s'élevant à 0 fr. 037, est donc sensiblement moins élevé que celui de l'éclairage par lampes à incandescence, lorsque le kilowatt-heure coûte 1 fr. 50.

DEUXIÈME EXEMPLE.

ÉCLAIRAGE DIRECT PAR DYNAMO.

229. Données. — Il s'agit d'éclairer, au moyen d'une dynamo attelée à un moteur à gaz, un café-restaurant avec jardin, disposé comme l'indique le plan (fig. 55). Au rez-de-chaussée, le bâtiment principal comprend une grande salle de café avec serre, une salle à manger, un bureau, une cuisine, un cellier, trois salons, un office, une lingerie, des lieux d'aisances, une antichambre et des couloirs de dégagement. Un bâtiment annexe contient une écurie, une remise, un bûcher et la salle des machines. Au premier étage se trouvent l'appartement privé du propriétaire du café et les chambres de domestiques.

Le jardin est éclairé par des foyers à arc C et D ; les bâtiments, par des lampes à incandescence.

En plus des lampes strictement nécessaires à l'éclairage, on dispose devant la porte d'entrée charretière et devant la porte du milieu du café deux petits foyers à arc de 30 carcels, en A et B.

Les régulateurs de la façade sont toujours allumés en
même. temps, ainsi que ceux du jardin ; mais les deux
groupes doivent pouvoir être allumés séparément. Les
lampes à incandescence sont allumées à des moments très
variables, mais on peut les réunir en six groupes dans
lesquels toutes les lampes fonctionnent à peu près en
même temps : 1° Salle des machines. 2° Café, serre, cuisine, bureau, office, lieux d'aisances, couloirs et dégage-
ments. 3° Salle à manger et lingerie. 4° Annexes. 5° Salons.
6° Appartements du 1er étage.

En ajoutant à ces six groupes les deux séries de lampes
à arc, nous sommes amenés à installer 8 circuits distincts,
qui sont représentés dans les figures 56 à 62.

230. Nombre et espèces de lampes. — Les indications du
plan permettent de calculer la surface des pièces à éclairer.
En nous reportant à ce que nous avons vu précédemment,
nous pourrons évaluer le nombre et l'intensité lumineuse
des lampes qu'il est utile d'employer pour obtenir un éclairage satisfaisant.

1° *Lampes à arc.* La surface du jardin est de 460 mètres
carrés environ. La solution la plus économique consiste à
employer deux régulateurs fixés sur des supports C D
placés au quart et aux trois quarts de la longueur du jardin, à peu près à la moitié de la largeur, mais un peu plus
près du mur de clôture que des salles, de manière à éclairer les petits rectangles qui se trouvent à droite et à gauche
du fond de la cour. L'emploi simultané de deux régulateurs permet de les mettre en série. En adoptant aussi la
disposition en série pour les deux régulateurs des portes
d'entrée, on pourra se servir d'une dynamo de 110 volts
(n° 163), qui présente au point de vue des pertes en ligne
un avantage sérieux sur celles de force électromotrice plus
faible (n° 144). Chacun des deux grands régulateurs éclaire

6***

la moitié du jardin ; mais, par suite de leur position dans une surface dissymétrique, leur puissance lumineuse doit être calculée, non pas pour la surface réelle dans laquelle ils se trouvent, mais eu égard à celle du carré circonscrit au polygone formé par le terrain, soit un carré de 19 mètres de côté ou 361 mètres carrés de surface. D'après ce que nous avons vu au n° 161, il faudra employer des régulateurs de 140 carcels environ, placés sur des colonnes de 10 mètres de hauteur.

2° *Lampes à incandescence.* Dans la salle de café et la salle à manger, il est utile d'avoir un éclairage intense ; ces pièces sont assez élevées, et les lustres qui supportent les lampes sont placés à une assez grande hauteur au-dessus de la tête des consommateurs ; il faudra par suite augmenter un peu le nombre des lampes que nous avons indiqué au n· 130, et adopter le chiffre de deux bougies par mètre carré. Dans les autres pièces, une bougie et demie par mètre carré produira un éclairage suffisant ; dans la remise, l'écurie et le bûcher, une bougie par mètre carré suffira.

Le tableau suivant détaille le nombre de lampes qu'il est nécessaire d'employer dans chaque pièce ; nous nous limitons aux deux modules de 16 et 10 bougies.

PIÈCES.	SURFACES en mètres carrés.	NOMBRE total de bougies.	NOMBRE ET MODÈLES de lampes.
Café.	96 m²	192 bougies.	12 lampes de 16 boug.
Salle à manger. . . .	50	100	6 — 16 —
Serre.	27	40	3 — 16 —
Office.	9	14	1 — 16 —
Bureau.	10.50	16	1 — 16 —
Cuisine.	27	40	3 — 16 —
Cellier.	11,25	11	1 — 10 —
Lingerie.	15	22	2 — 10 —
Salon n° 1.	14	21	2 — 10 —
Salon n° 2.	16	24	2 — 10 —

PIÈCES.	SURFACES en mètres carrés.	NOMBRE total de bougies.	NOMBRE ET MODÈLES de lampes.		
Salon n° 3.	22	33 bougies	2 lampes de 16 boug		
Lieux d'aisances. . .			3	—	10 —
Antichambre. . . .	13	20	2.	—	10 —
Couloir n° 1. . . .	17,25	25	2	—	10 —
Couloir n° 2. . . .	9	14	1	—	16 —
Couloir n° 3. . . .	3	5	1	—	10 —
Salle des machines. .	30	45	3	—	16 —
Bûcher.	· 12	10	1	—	10 —
Ecurie.	30	30	2	—	16 —
Remise.	36	36	2	—	16 —

soit en tout 36 lampes de 16 bougies et 16 lampes de 10 bougies.

Nous n'avons pas indiqué la disposition des appartements du premier étage ; le calcul de la canalisation serait absolument identique à celui que nous avons détaillé dans l'exemple précédent, et il est inutile de le recommencer. Nous admettrons que l'éclairage de ces locaux demande 20 lampes de 16 bougies et 4 lampes de 10 bougies.

231. Circuit de secours. — D'après les conditions que nous nous sommes posées, nous devons former 8 circuits indépendants, deux pour les lampes à arc, et six pour les lampes à incandescence ; on peut désirer avoir un neuvième circuit, dit de secours, pour le cas où le plomb du conducteur général de la canalisation viendrait à fondre brusquement pour une cause accidentelle. Tout l'établissement se trouverait alors instantanément plongé dans l'obscurité, et y resterait jusqu'au moment où l'on aurait pu remplacer le fusible. Dans ce cas fortuit, le circuit de secours, qui alimente seulement une ou deux lampes dans les pièces principales, dans les corridors et dans la salle des machines, devient d'une grande utilité ; nous le comprendrons dans les prévisions du projet.

232. Intensité des lampes. — 1º *Lampes à arc.* Nous avons disposé les lampes à arc de manière à en réunir deux en série sur chaque circuit. La dynamo produit un courant de 110 volts aux bornes de la machine ; les lampes à arc de 30 carcels demandent un courant de 40 volts aux bornes des régulateurs, et celles de 140 carcels, un courant de 50 volts (n° 158) ; la différence entre le double de ces chiffres et 110 est absorbée par les rhéostats de réglage et la ligne.

L'intensité exigée par les régulateurs de 30 carcels est de 4,5 ampères (n° 159). Celle qui est nécessaire à des régulateurs de 140 carcels est de 14 ampères, à raison de 5 watts par carcel (n° 157), soit 700 watts, et de 50 volts aux bornes du régulateur.

2º *Lampes à incandescence.* La différence de potentiel aux bornes des lampes à incandescence dépend de la perte en ligne, et nous sommes libres de disposer de la valeur de cet élément. Nous avons vu au n° 144 que la perte de charge admissible dans ces installations varie de 2 à 5 pour cent. Admettons le chiffre de 3 pour cent dans la ligne où la perte est la plus élevée. Les lampes devront alors être tarées à 107 wolts.

Les lampes à incandescence absorbant 3,5 watts par bougie (n° 126), celles de 16 bougies demanderont 56 watts et celles de 10 bougies, 35 watts. La force électro-motrice étant de 107 volts, l'intensité du courant qui traverse chaque lampe est la suivante :

$$\text{Lampes de 16 bougies } \frac{56}{107} = 0,53 \text{ ampère.}$$

$$\text{Lampes de 10 bougies } \frac{53}{107} = 0,32 \text{ ampère.}$$

Le rez-de-chaussée comprend en tout 36 lampes de 16 bougies et 16 lampes de 10 bougies ; le 1er étage contient 20 lampes de 16 bougies et 4 lampes de 10 bougies ; l'intensité nécessaire à l'alimentation des lampes à incandescence sera donc :

$$0,53 \times 36 + 0,33 \times 16 + 0,53 \times 20 + 0,33 \times 4 =$$
$$36,28 \text{ ampères.}$$

L'intensité nécessaire à l'alimentation des lampes à arc est, d'après ce que nous venons de voir, de $14 + 4,5 = 18,5$ ampères.

L'intensité totale du courant fourni par la dynamo sera donc

$$36,28 + 18,5 = 54,78 \text{ ampères.}$$

233. Choix et installation de la dynamo. — Les constantes de la dynamo seront par suite 110 volts et 55 ampères. Sa puissance est de .

$$55 \times 110 = 6.050 \text{ watts.}$$

Le travail dépensé par la machine est donné par la formule du n° 31 :

$$T = \frac{EI}{75\,g.} = \frac{110 \times 55}{9,808 \times 75} = 8,23 \text{ chevaux-vapeur.}$$

Le rendement de l'appareil étant supposé égal à 80 pour 100 (n° 67), la puissance du moteur qui conduit la dynamo doit être de

$$\frac{8,23 \times 100}{80} = 10,4 \text{ chevaux.}$$

Bien entendu, pratiquement, il faut choisir sur les tarifs des constructeurs les appareils de types courants qui se rapprochent le plus des données de l'installation particulière que l'on a en vue. Supposons que nous arrétions notre choix sur une dynamo de 110 volts et 60 ampères, et un moteur à gaz à deux cylindres de 12 chevaux.

Nous prendrons une dynamo compound, puisque nous n'avons pas d'accumulateur à charger. Le compoundage pourra, dans une certaine mesure, remédier aux variations de vitesse du moteur à gaz.

Admettons que la dynamo tourne à une vitesse de 1,200 tours par minute et que sa poulie de commande ait un diamètre de 20 centimètres. D'après ce que nous avons vu au n° 60, la section de la courroie qui commande la dynamo sera égale à

$$ q = \frac{300\,EI}{n\,D} = \frac{300 \times 140 \times 60}{1.200 \times 200} = 8,25 \text{ centimètres carrés.} $$

Si nous prenons une courroie de 6 millimètres d'épaisseur, sa largeur sera égale à

$$ \frac{8,25}{0,6} = 14 \text{ centimètres.} $$

Supposons que le moteur à gaz tourne avec une vitesse de 100 tours par minute; si la transmission de mouvement avait lieu directement du volant du moteur à la poulie de la dynamo, le diamètre de ce volant devrait être égal à 2,40 mètres; de plus, comme le moteur doit être placé relativement près de la dynamo, l'arc embrassé par la courroie sur la poulie de la machine serait très faible. Cette disposition est mauvaise; il est préférable d'employer une transmission intermédiaire placée au plafond de la salle, par exemple, de manière à partager la différence qui existe entre le nombre de tours des arbres du moteur et de la dynamo.

Comme nous l'avons vu au n° 62, le moteur, bien qu'à deux cylindres, devra être muni d'un volant assez puissant pour régulariser sa vitesse, et les courroies ne devront pas être trop tendues.

234. **Conducteurs.** — Les tableaux qui accompagnent les

figures schématiques représentant la disposition des différents circuits indiquent la longueur des conducteurs; ils
mentionnent également les longueurs des fils·nus ou sous
plomb. Nous emploierons les fils nus à l'extérieur des bâtiments, depuis la sortie de la salle des machines jusqu'aux
lampes à arc des façades d'une part et jusqu'à l'entrée du
bâtiment du café d'autre part. Le fil amenant le courant
aux lampes à arc du jardin sera sous plomb dans toute la
traversée de la cour.
Les autres conducteurs
seront formés par des
fils isolés ordinaires ; ils
ne portent aucune indi-
cation spéciale sur les
figures; ci-après nous
indiquons les particula-
rités susceptibles de si-
gnaler chacun de ces

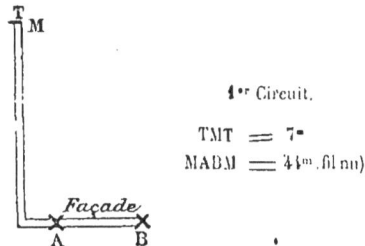

1er Circuit.

TMT = 7m
MADM = 44m. fil nu)

Fig. 56.

circuits, et le calcul du diamètre des conducteurs qui le
composent.

235. 1er circuit. — Le premier circuit est formé par les
deux lampes à arc de 30 carcels des façades, disposées en
série (fig. 56).

236. Diamètre des fils. — L'intensité du courant qui traverse le circuit est de 4,5 ampères. Nous nous servons à
l'extérieur d'un fil de cuivre nu. L'intensité du courant peut
y atteindre 6 ampères par millimètre carré (n° 133). Un fil
ayant une section de 0,75 millimètre carré suffirait. Nous
emploierons un fil de 1 millimètre de diamètre, ayant une
section de 0,79 millimètre carré, depuis la sortie du mur
de la salle des machines jusqu'aux lampes. Dans la salle
des machines, le fil étant isolé, il ne peut y passer qu'un
courant de 3 ampères par millimètre carré, ce qui corres-

pond à une section de 1,50 millimètre carré, ou à un diamètre de 1,5 millimètre.

237. Rhéostat. — La dynamo donnant un courant qu'on
maintient à 110 volts aux bornes du tableau de distribution, et les deux lampes absorbant 80 volts, les conducteurs
et le rhéostat devront absorber 30 volts.

La perte de charge produite par le passage du courant
dans les conducteurs, évaluée comme nous l'avons vu aux
nos 220 et suivants, est égale à 4,84 volts, ainsi que le montre le tableau suivant.

LAMPES.	CONDUC-TEURS.	INTEN-SITÉS en ampères.	DIAMÈ-TRES en milli-mètres.	PERTES de charge par kilomètre en volts.	LON-GUEURS en mètres.	PERTES DE CHARGE EN VOLTS.	
						PAR-TIELLES.	DEPUIS l'origine.
2 régula-teurs de 30 carcels.	TMT MABM	4ᵃ5 4,5	1ᵐᵐ5 1	45ᵛ63 102,67	7ᵐ 4	0ᵛ32 4,52	4ᵛ84

Le rhéostat devra donc absorber 25,16 volts. L'intensité
du courant étant de 4,5 ampères, il faudra employer pour le
rhéostat un fil de ferro-nickel de 1,5 millimètre (n° 315).
Ce fil ayant à chaud une résistance de 472 volts par kilomètre correspond à une perte de charge de 2.124 volts par
kilomètre pour un courant de 4,5 ampères ($E = IR$). Pour
absorber 25,16 volts, le fil devra avoir une longueur de

$$\frac{25,16}{2,124} = 11,90 \text{ mètres.}$$

Si le rhéostat est formé par une bobine dont les spires
ont 20 centimètres de diamètre, soit 0,628 mètre de déve-
loppement (n° 312), il comprendra 19 spires environ.

238. 2ᵉ circuit. — Le deuxième circuit alimente les deux
régulateurs du jardin (fig. 57) Nous supposerons que

les fils partant du tableau de distribution montent au plafond de la salle des machines, contournent la corniche,
traversent le mur, redescendent le long du bâtiment, pénètrent sous terre, remontent pour atteindre la première
lampe placée à 10 mè-
tres au-dessus du sol,
redescendent et re-
passent sous terre
pour aller rejoindre
la deuxième lampe

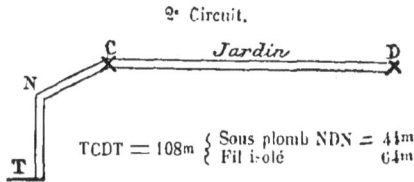

2° Circuit.

$TCDT = 108^m$ { Sous plomb NDN = 44^m
Fil i-olé   64^m

Fig. 57.

Dans le bâtiment,
contre le mur et con-
tre les colonnes, nous nous servons d'un fil à isolement
fort; sous terre, nous employons du fil sous plomb.

239. Diamètre des fils. — L'intensité du courant qui traverse le circuit est égale à 14 ampères. A raison de 3 ampères par millimètre carré (n° 133), il nous faut un fil de
4,67 millimètres carrés de section, ou de 2,5 millimètres de
diamètre. La perte de charge dans un pareil fil, pour un
courant de 14 ampères, atteint 47,46 volts par kilomètre
(n° 343), soit 5,13 volts pour une longueur de 108 mètres.

240. Rhéostat. — Les régulateurs sont tarés à 50 volts;
les deux régulateurs en série exigent par suite 100 volts;
la différence de 10 volts entre cette force électromotrice et
celle de la dynamo doit être absorbée par la ligne et le
rhéostat. La ligne en dépense 5,13; il reste 4,87 volts pour
le rhéostat.

Pour un courant de 14 ampères, le fil du rhéostat à l'air
libre doit avoir un diamètre de 4 millimètres (n° 315). Ce
fil, pour un courant ayant une intensité de 14 ampères,
produit une perte de charge de 924 volts par kilomètre.
Pour obtenir une perte de charge de 4,87 volts, il faut
employer une longueur de fil de 5,30 mètres environ.

241. Circuits des lampes à incandescence. — Les figures 58 à 62 indiquent la disposition générale des circuits, pour lesquels nous adopterons la disposition en dérivation simple, qui conduit à la plus petite longueur de fil. Les longueurs des portions de conducteurs et des branchements sont indiquées dans les légendes qui accompagnent les dessins. Les chiffres portés sont égaux au double de la distance mesurée ; ils comprennent l'aller et le retour, y compris la longueur du fil qui passe par le commutateur, le cas échéant. Les fils passent à l'extérieur du bâtiment annexe, où ils sont en cuivre nu, jusqu'au moment où ils pénètrent dans le bâtiment principal. Ils sont alors recouverts d'un isolant moyen.

Il est inutile d'avoir dans les lustres un interrupteur pour chaque lampe ; nous mettrons seulement un interrupteur à chaque groupe de lampes ; les légendes qui accompagnent les figures indiquent par la lettre (I) les portions de conducteurs munis d'interrupteurs. — Au contraire, chaque lampe est protégée par un coupe-circuit, indépendamment des coupe-circuit généraux.

Les tableaux suivants, calculés comme ceux des exemples précédents, indiquent l'intensité des courants qui circulent dans chaque portion de conducteur, le diamètre qu'il convient de donner aux fils, et la perte de charge qui en résulte pour les lampes. Nous admettons qu'il peut passer dans tous les fils un courant de 3 ampères par millimètre carré (n° 133).

242. 3° circuit. — Ce circuit comprend 3 lampes de

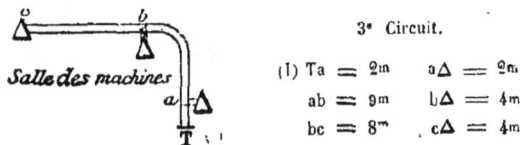

3° Circuit.

(I) Ta $=$ 2m   a$\triangle$ $=$ 2m
ab $=$ 9m   b$\triangle$ $=$ 4m
bc $=$ 8m   , c$\triangle$ $=$ 4m

Fig. 58.

16 bougies placées dans la salle des machines (fig. 58).

LAMPES.	CONDUC-TEURS.	INTEN-SITÉS en ampères.	DIAMÈ-TRES en milli-mètres.	PERTES de charge par kilomètre en volts.	LON-GUEURS en mètres.	PERTES DE CHARGE EN VOLTS	
						par-tielles.	depuis l'origine
		^{a}	^{mm}	^{v}	^{m}	^{v}	^{v}
	Ta	1,59	1	36,28	2	0,07	^{v}
Tableau. ·	a △	0,53	1	12,09	2	0,02	0,09
	a b	1,06	1	24,19	9	0.20	0.29
Dynamo. ·	b △	0,53	1	12,09	4	0,05	0.34
	b c	0.53	1	12,09	8	0,10	0,44
Moteur. ·	c △	0,53	1	12,09	4	0,05	0,49

Les lampes sont tarées à 107 volts; celle qui subit la plus forte perte de charge ne perd que 0,49 volt, tandis que la ligne devrait faire tomber le voltage de 3 volts, la dynamo étant réglée à 110 volts; on doit donc absorber la différence, soit 2,51 volts, par une résistance de réglage (n° 137).

243. Résistance de réglage. — Pour une intensité de 1,59 ampère, la résistance pourra être formée par un fil de ferro-nickel de 1 millimètre de diamètre (n° 314) ayant à la température ordinaire une résistance de 1,015 ohms par kilomètre. 1 mètre de ce fil provoque par suite une perte de charge de 1,61 volt lorsqu'il est parcouru par le courant de 1,59 ampère, et il faudra une longueur de fil de 1 millimètre égale à

$$\frac{2.51}{1,61} = 1,60 \text{ mètre environ.}$$

Ce rhéostat sera placé sur le tableau de distribution, à l'origine du conducteur principal; il ramènera le voltage de la lampe la plus éloignée à 107 volts. Les autres lampes marcheront avec une différence de potentiel supérieure à la précédente de 0,4 volt au plus. Cet écart est insignifiant;

il n'y a pas besoin de prendre de disposition spéciale pour égaliser le voltage d'une façon absolue.

244. 4ᵐᵉ circuit. — Le quatrième circuit (fig. 59) comprend 21 lampes de 16 bougies et 9 lampes de 10 bougies,

4ᵉ Circuit.

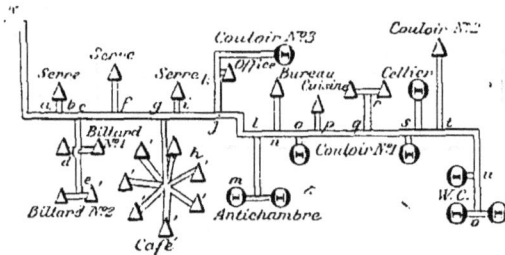

Fig. 59.

Ta $=$ 22m (fil nu)	Tb $=$ 23m (I) bΔ $=$ 6m
bc $=$ 6m	(I) cd $=$ 10m dΔ $=$ dΔ' $=$ 6m
(I) ce $=$ 18m cΔ $=$ cΔ' $=$ 6m	cf $=$ 3m (I) fΔ $=$ 12m
fg $=$ 6m	(I) gh $=$ 18m hΔ $=$ hΔ' $=$ 2m
gi $=$ 3m (I) i Δ $=$ 6m	ij $=$ 3m
(I) jk $=$ 9m { kΔ $=$ 5m / l$\odot$ $=$ 20m	jl $=$ 8m
(I) lm $=$ 16m n:$\odot$ $=$ 2m	ln $=$ 1m (I) nΔ $=$ 13m
no $=$ 3m (I) $\odot$ $=$ 12m	op $=$ 2m (I) pΔ $=$ 15m
pq $=$ 5m	(I) qr $=$ 10m rΔ $=$ rΔ' $=$ 2m]
qs $=$ 8m { (I) s$\odot$ $=$ 15m / (I) s$\odot$ $=$ 33m	st $=$ 3m I) tΔ $=$ 16m
tu $=$ 12m (I) u$\odot$ $=$ 15m	uv $=$ 10m (I) v$\odot$ $=$ v$\odot'$ $=$ 2m

éclairant la serre, le café, l'office, les couloirs, l'antichambre, la cuisine, le cellier et les lieux d'aisances. En attribuant aux fils le plus petit diamètre qu'ils peuvent avoir à raison de 3 ampères par millimètre carré, et en admettant qu'on n'utilise que des fils de diamètre croissant par demi-millimètre, à partir de 1 millimètre, on obtient les diamètres indiqués au tableau suivant, sauf pour les portions T *b*, *b c*, *c f*, *f g*, *g i*, *i j*, *j l*, où le dia- mètre de 2,5 millimètres fourni par cette condition est écrit entre parenthèses. En calculant les pertes de charge qui en résultent, et qui sont également inscrites entre parenthèses en regard de ces sept lignes, on trouve une perte de charge totale de 3,84 volts, tandis que la perte totale ne devrait être que de 3 volts. Afin de la réduire à cette dernière valeur, il suffit de porter le diamètre de ces sept portions de circuit à 3 millimètres. La plus grande perte de charge atteint alors 2,82 volts. Les pertes de charge relatives aux autres lampes sont indiquées au tableau.

245. Résistances de réglage. — Comme on le voit par ce tableau, la force électromotrice du courant sera abaissée de près de 3 volts aux dernières lampes ; elle ne sera donc que très peu supérieure à 107 volts ; mais, près des pre- mières, elle ne sera abaissée que d'une fraction de volt ; le courant aurait donc une force électromotrice supérieure de plus de 2 volts à celle pour laquelle sont construites les lampes ; cet écart est trop considérable, et il est utile d'avoir recours aux résistances de réglage dont nous avons parlé au nᵒ 137, comme dans le circuit précédent.

Pour les lampes isolées, telles que celles de la serre, on remplacera une portion du fil conducteur par un fil de ferro-nickel calculé comme nous l'avons vu, de manière à absorber l'excédent de force électromotrice. Pour les lam- pes disposées sur une même dérivation secondaire, une seule résistance pourra servir pour tous les foyers abou- tissant à ce fil. — Les lampes, pour lesquelles sont inter- calées les résistances, sont marquées d'une croix + au tableau précédent.

Prenons pour exemple les 8 lampes du lustre du café ; la perte de charge produite par les conducteurs seuls est

LAMPES.	CONDUCTEURS.	INTENSITÉS en ampères.	DIAMÈTRES en millimètres.	PERTES de charge par kilomètre en volts.	LONGUEURS en mètres.	PERTES DE CHARGE EN VOLTS	
						partielles.	depuis l'origine.
Serre.	Tb	14,10	3(2,5)	35,74(51,48)	23	0,82(1,19)	»
	$b\Delta$	0,53	1	12,09	6	0,07	0,89 +
	bc	13,57	3(2,5)	34,41(49,55)	6	0,21(0,30)	1,03
	cd	1,06	1	24,19	10	0,24	1,27
Billard n° 1.	$d\Delta══d\Delta'$	0,53		12,09	6	0,07	1,34 +
	ce	1,06	1	24,19	18	0,44	1,71
Billard n° 2.	$e\Delta══e\Delta'$	0,53		12,09	6	0,07	1,78 +
Serre.	cf	11,45	3(2,5)	29,03(41,80)	3	0,08(0,13)	1,11
	$f\Delta$	0,53	1	12,09	12	0,14	1,25 +
	fg	10,92	3(2,5)	27,68(39,87)	6	0 17(0,24)	1,28
	gh	4,24	1,5	43,00	18	0,77	2,05 +
Café.	$h\Delta══\ldots══h\Delta^8$	0,53		12,09	2	0,02	2,07 +
	g^i	6,68	3(2)	16,93(38,10)	3	0,05(0,11)	1,33
Serre.	$i\Delta$	0,53	1	12,09	6	0,07	1,40 +
	ij	6,15	3(2)	17,88(35,28)	3	0,05(0,11)	1,38
	jk	0,86	1	19,62	9	0,18	1,56
Office.	$k\Delta$	0,53	1	12,09	5	0,06	1,62 +
Couloir n° 3.	$k\odot$	0,33	1	7,53	10	0,08	1,64 +
	jl	5,29	3(1,5)	13,42(53,65)	8	0,11(0,43)	1,49
	jm	0,66	1	15,06	16	0,24	1,73

LAMPES.	CONDUCTEURS.	INTENSITÉS en ampères.	DIAMÈTRES en millimètres.	PERTES de charge par kilomètre en volts.	LONGUEURS en mètres.	PERTES DE CHARGE EN VOLTS partielles.	PERTES DE CHARGE EN VOLTS depuis l'origine.
		a	m"	v	m	v	v
Antichambre.	mΘ=mΘ'	0,33	1	7,53	2	0,02	1,75 +
	ln	4,63	1,5	46,95	1	0,05	1,54
Bureau.	nΔ	0,53	1	12,09	13	0,16	1,70 +
	no	4,10	1,5	41,57	3	0,12	1,66
Couloir n° 1.	oΘ	0,33	1	7,53	12	0,09	1,75 +
	op	3,77	1,5	38,23	2	0,08	1,74
Cuisine.	pΔ	0,53	1	12,09	15	0,18	1,92 +
	pq	3,24	1,5	32,86	5	0,16	1,90
	qr	1,66	1	24,19	16	0,37	2,27
Cuisine.	rΔ=rΔ'	0,53	1	12,09	2	0,02	2,29 +
	qs	2,18	1	48,09	8	0,38	2,28
Cellier.	sΘ	0,33	1	7,53	15	0,11	2,39 +
Couloir n° 1.	sΘ,	0,33	1	7,53	13	0,10	2,33 +
	st	1,52	1	34,69	3	0,10	2,38
Couloir n° 2.	tΔ	0,53	1	12,09	20	0,24	2,62 +
	tu	0,99	1	22,59	12	0,27	2,65
Lieux d'aisances.	uΘ	0,33	1	7,53	15	0,11	2,76 +
	uv	0,66	1	15,06	10	0,15	2,80
Lieux d'aisances.	vΘ=vΘ'	0,33	1	7,53	2	0,02	2,82 +

égale à 2,07 volts ; la résistance doit par suite absorber la
différence entre 2,07 et 3 volts, soit 0.93 volt. Si elle est
placée sur la dérivation g h, elle devra livrer passage à
un courant de 4,24 ampères ; d'après le n° 314, elle devra
être constituée par un fil de ferro nickel de 3 millimètres,
ayant une résistance de 113 ohms par kilomètre et absorbant par suite 0,48 volt par mètre. Un mètre de ferro-
nickel remplace un mètre de fil de cuivre de 1,5 millimètre,
qui produit une perte de charge de 0,04 volt par mètre
dans les mêmes conditions de courant. La substitution
amènera par suite une perte de 0,44 volt par mètre, et
pour obtenir une perte de 0,93 volt, il faudra remplacer le
fil de cuivre de 1,5 millimètre par un fil de ferro-nickel de
3 millimètres sur une longueur de 2,10 mètres environ.

Le tableau suivant, calculé de cette façon, donne les
longueurs et les diamètres des résistances de réglage à
employer pour chaque lampe ou groupe de lampes. (Pour
l'office, nous avons admis comme perte de charge 1,63 volt,
moyenne entre 1,62 et 1,64.)

LAMPES.	FIL où est la résistance.	PERTES DE CHARGE depuis l'origine.	DIFFÉRENCES à 3 volts.	INTENSITÉS du courant.	DIAMÈTRES du ferro-nickel en millimètres.	RÉSISTANCES en ohms par kilomètre.	PENTES DE CHARGE PAR MÈTRE EN VOLTS du ferro-nickel.	du cuivre.	résultant de la subsitution.	LONGUEURS du ferro-nickel en mètres.
		v	v	a	mm	ohms	v	v	v	m
Serre.	b △	0,80	2,11	0,53	1	1.015	0,54	0,01	0,53	4
Billard n° 1.	cd	1,34	1,66	1,06	1	1.015	1,08	0,02	1,06	1,60
Billard n° 2.	ce	1,78	1,22	1,06	1	1.015	1,03	0,02	1,06	1,15
Serre.	f △	1,25	1,75	0,53	3	1 0.5	0,54	0,01	0,53	3,30
Café.	gh	2,05	0,45	4,24	1	113	0,48	0,04	0,44	2,20
Serre.	i △	1,49	1,60	0,53	1	1.015	0,54	0,01	0,53	3
Office. . . .	jk	1,63	1,37	0,86	1	1.015	0,88	0,02	0,85	1,60
Antichambre	jm	1,75	1,25	0,56	1	1.015	0,67	0,01	0,66	1,90
Bureau. . .	n △	1,70	1,30	0,53	1	1.015	0,54	0,01	0,53	2,50
Couloir n° 1.	o ⊙	1,75	1,25	0,33	1	1.015	0,31	0,01	0,33	3,80
Cuisine. . .	p △	1,92	1,08	0,53	1	1.015	0,54	0,01	0,53	2
Cuisine. . .	qr	2,27	0,73	1,06	1	1.015	1,08	0,02	1,03	6,90
Cellier. . . .	s ⊙	2,39	0,61	0,33	1	1.015	0,34	0,01	0,33	1,85
Couloir n° 1.	s ⊙	2,38	0,62	0,33	1	1.015	0,31	0,01	0,33	4,85
Couloir n° 2.	t △	2,64	0,38	0,53	1	1.015	0,54	0,01	0,53	0,70
Lieux d'aisances. .	u ⊙	2,76	0,34	0,33	1	1.015	0,34	0,01	0,33	1
Lieux d'aisances. .	uv	2,82	0,18	0,66	1	1.015	0,67	0,02	0,65	0,30

246. 5ᵐᵉ circuit. — Le cinquième circuit comprend 6 lampes de 16 bougies et 2 lampes de 10 bougies éclairant la salle à manger et la lingerie (fig. 60).

5ᵉ Circuit.

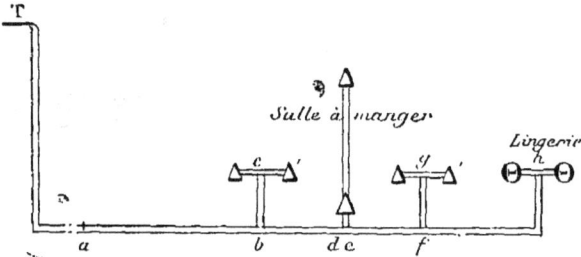

Fig. 60.

Ta (fil nu) $=$ 32ᵐ   Tb $=$ 72ᵐ

(I) bc $=$ 16ᵐ cΔ $=$ cΔ' $=$ 1ᵐ   bd $=$ 2ᵐ (I) dΔ $=$ 7ᵐ

(I) eΔ $=$ 17ᵐ   ef $=$ 2ᵐ gΔ $=$ gΔ' $=$ 1ᵐ

(I) fg $=$ 16ᵐ   (I) fh $=$ 27ᵐ hΘ $=$ hΘ' $=$ 1ᵐ

Le tableau suivant indique les diamètres des fils et les pertes de charge correspondant à chaque lampe du circuit.

LAMPES.	CONDUC-TEURS.	INTEN-SITÉS en ampères.	DIA-MÈTRES en milli-mètres.	PERTES de charge par kilomètre en volts.	LON-GUEURS en mètres.	PERTES DE CHARGE EN VOLTS	
						par-tielles.	depuis l'origine.
		a	mm	v	m	v	
	Tb	3,84	1,5	38,94	72	2,80	
	bc	1,06	1	24,19	16	0,39	v
Salle à	cΔ $=$ cΔ'	0,53	1	12,09	1	0,01	3,20
manger.	bd	2,78	1,5	28,29	2	0,06	2,86
Salle à	dΔ	0,53	1	12,09	7	0,08	2,94
manger.	eΔ	0,53	1	12,09	17	0,24	3,07
	ef	1,72	1	39,25	2	0,08	2,94
	fg	1,06	1	24,19	16	0,39	3,33
Salle à	gΔ $=$ gΔ'	0,53	1	12,09	1	0,01	3,34
manger.	fh	0,66	1	15,06	27	0,41	3,35
Lingerie..	hΘ $=$ hΘ'	0,33	1	7,53	1	0,01	3,36

La différence entre la plus petite perte de charge et 3 volts étant égale à moins d'un demi-volt, il n'y a pas lieu de s'en préoccuper.

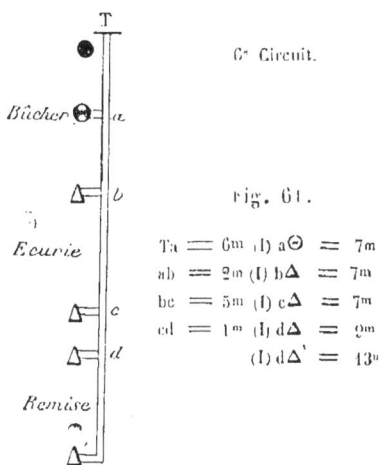

247. 6ᵐᵉ circuit. — Le sixième circuit se compose de 4 lampes de 16 bougies et de 1 lampe de 10 bougies éclairant les annexes (fig. 61).

Le tableau ci-dessous fournit les renseignements relatifs à son installation.

C⁶ Circuit.

Fig. 61.

$$Ta = 6^m \text{ (I) } a\odot = 7^m$$
$$ab = 2^m \text{ (I) } b\triangle = 7^m$$
$$bc = 5^m \text{ (I) } c\triangle = 7^m$$
$$cd = 1^m \text{ (I) } d\triangle = 9^m$$
$$\text{(I) } d\triangle' = 13^m$$

LAMPES.	CONDUC-TEURS.	INTEN-SITÉS en ampères.	DIA-MÈTRES en milli-mètres.	PERTES de charge par kilomètre en volts.	LON-GUEURS en mètres.	PERTES DE CHARGE EN VOLTS	
						par-tielles.	depuis l'origine.
		a	mm	v	m	v	
	Ta	2,45	1,5	24,85	6	0,15	v
Bûcher. . .	a ⊖	0,33	1	7,53	2	0,02	0,17 +
	ab	2,12	1	48,37	2	0,10	0,25
Écurie. . .	b △	0,53	1	12,09	7	0,08	0,33 +
	bc	1,59	1	36,28	5	0,18	0,33
Écurie. . .	c △	0,53	1	12,09	7	0,08	0,41 +
	cd	1,06	1	24,19	1	0,02	0,35
Remise. . .	d △'	0,53	1	12,09	9	0,11	0,46 +
	d △	0,53	1	12,09	13	0,16	0,51 +

248. Résistance de réglage. — La différence entre les pertes de charge subies dans la canalisation sont comprises entre 0,17 volt et 0,51 volt ; elles diffèrent notablement de

3 volts : il est par suite utile d'employer une résistance de réglage ; mais comme l'écart entre la plus petite et la plus grande est moindre qu'un demi-volt, une seule résistance déterminée pour la perte de charge moyenne égalisera le voltage d'une façon suffisante, à condition de la placer à l'origine de la conduite générale. Elle devra absorber

$$3 - \frac{0.17 + 0.51}{2} = 2,66 \text{ volts.}$$

Comme elle est traversée par un courant de 2,45 ampères, le fil dont elle est formée devra avoir 2 millimètres de diamètre, correspondant à une perte de charge de

$$E = IR = 2,45 \times 0,254 = 0,62 \text{ volt par mètre.}$$

La longueur du fil devra par suite être de

$$\frac{2,66}{0,62} = 4,30 \text{ mètres environ.}$$

249. 7ᵐᵉ circuit. — Le septième circuit se compose de 2 lampes de 16 bougies et 4 lampes de 10 bougies qui alimentent les salons (fig. 62).

7ᵉ Circuit.

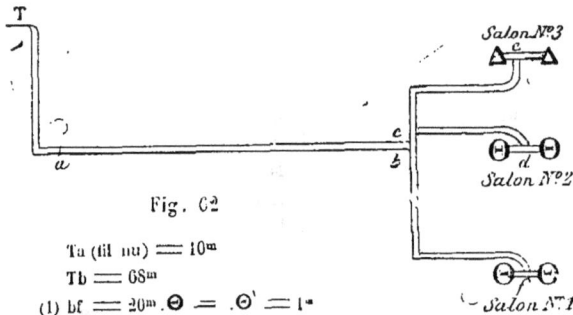

Fig. 62

Ta (fil nu) $= 10^m$
Tb $= 68^m$
(1) bf $= 20^m$. $\Theta = .\Theta' = 1^a$
bc $= 2^m$
(1) cd $= 16^m$ d$\Theta = $ d$\Theta' = 1^m$
(1) ce $= 2^{r,m}$ c$\Delta = $ c$\Delta' = 1^m$

Le tableau suivant indique le diamètre des fils et les pertes de charge relatives à chaque lampe.

LAMPES.	CONDUC-TEURS.	INTEN-SITÉS en ampères.	DIA-MÈTRES en milli-mètres.	PERTES de charge par kilomètre en volts.	LON-GUEURS en mètres.	PERTES DE CHARGE EN VOLTS	
						par-tielles.	depuis l'origine.
		a	mm	v	m	v	
	T b	2,38	1,5	24,13	68	1,64	
	b f	0,66	1	15,06	20	0,30	
Salon n°1.	f ⊙ = f ⊙'	0,33	1	7,53	1	0,01	1,95+
	b c'	1,72	1	39,25	2	0,08	1,72
	c d	0,66	1	15,06	16	0,24	1,96
Salon n°2.	d ⊙ = d ⊙'	0,33	1	7,53	1	0,01	1,97+
	c e	1,06	1	24,19	24	0,58	2,30
Salon n°3.	e △ = e △'	0,53	1	12,09	1	0,01	2,31+

250. Résistance de réglage. — Comme pour le circuit précédent, la différence entre les pertes de charge et 3 volts étant sensible, il est bon d'employer des résistances de réglage ; mais l'écart entre les pertes extrêmes étant moindre qu'un demi-volt, il suffira d'adapter un seul rhéostat sur le fil général, de manière à faire tomber à 3 volts la moyenne des pertes de charge extrêmes, soit 2,13 volts. La résistance devra par suite absorber 0,87 volt. Pour un courant de 2,38 ampères, elle sera construite avec un fil de ferro-nickel de 2 millimètres de diamètre, de 254 ohms de résistance kilométrique (n° 314), et produisant une perte de charge de 0,60 volt par mètre. La longueur de fil à employer sera par suite de 1,45 mètre environ.

251. 8ᵐᵉ circuit. — Le huitième circuit se compose de 20 lampes de 16 bougies et de 4 lampes de 10 bougies éclairant les appartements.

Le plan n'indique pas la disposition de cet appartement, car l'installation de l'éclairage n'y présente aucune particularité autre que celles qui ont été signalées dans le premier exemple (n°s 213 à 226). L'intensité totale du courant qui parcourt ce circuit est égal à

$$0,53 \times 20 + 0,33 \times 4 = 11,92 \text{ ampères ;}$$

les fils de départ devront par suite avoir un diamètre de 2,5 millimètres.

Pour pouvoir comprendre l'installation de ce circuit dans le devis, nous admettrons qu'il comporte les éléments suivants, en dehors des 24 lampes à incandescence et de leurs douilles :

  30 mètres fil de cuivre de 2,5 millimètres.
  10   —   2   —
  30   —   1,5   —
250   —   1   —
  10 mètres de fil de ferro-nickel de 1 millimètre.
  20 interrupteurs de 0 à 5 ampères.
  24 coupe-circuit.
   3 commutateurs à 2 directions et 1 touche nulle.
   3 résistances pour veilleuses.
   3 lustres d'une valeur moyenne de 80 francs.
  15 lampes, appliques, etc., d'une valeur moyenne de 10 francs

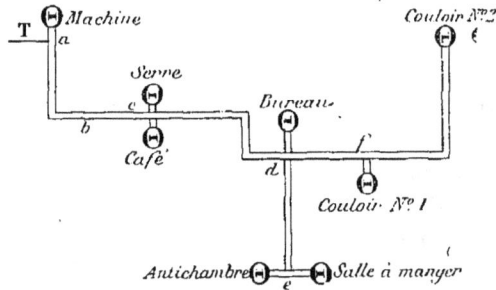

Fig. 63.

Ta $=$ 1^m (1) a$\ominus$ $=$ 1^m
ac $=$ 34^m (1) c$\ominus$ $=$ 7^m [ab, fil nu $=$ 16^m]
      (1) c$\ominus$ $=$ 7^m
cd $=$ 17^m (1) d$\ominus$ $=$ 7^m
de $=$ 8^m (1) e$\ominus$ $=$ 7^m
      (1) $\ominus'$ $=$ 7^m
df $=$ 10^m (1) f$\ominus$ $=$ 7^m
      (1) f$\ominus'$ $=$ 24^m

252. 9ᵐᵉ circuit. — Le neuvième circuit est le circuit de secours (n° 231). Ses conducteurs sont branchés sur les conducteurs principaux de la dynamo, avant le coupe-circuit général de la canalisation, et un coupe-circuit spécial lui est réservé. Il se compose du nombre minimum de lampes qu'il est nécessaire d'avoir pour éviter une panique en cas d'extinction absolue de toutes les autres lampes de la canalisation ; l'interrupteur qui le commande est placé au tableau de distribution sous la main du mécanicien et ne peut généralement être manœuvré que par une clef spéciale. Nous avons admis que 8 lampes de 10 bougies étaient suffisantes (fig. 63).

Le tableau ci-dessous indique les conditions d'installation de ce circuit.

LAMPES.	CONDUC-TEURS.	INTEN-SITÉS. en ampères.	DIAMÈ-TRES en milli-mètres.	PERTES de charge par kilomètre en volts	LON-GUEURS en mètres.	PERTES DE CHARGE EN VOLTS	
						par-tielles.	depuis l'origine.
		a	mm	v	m	v	
	T a	2,64	1,5	26,78	1	0,03	v
Machines..	a ⊙	0,33	1	7,53	1	0,01	0,04 +
	a c	2,31	1	52,71	34	1,79	1,82
Serre. . .	c ⊙	0,33	1	7,53	7	0,05	1,87 +
Café. . .	c ⊙'	0,33	1	7,53	7	0,05	1,87 +
	c d	1,65	1	37,65	17	0,64	2,46
Bureau. .	d ⊙	0,33	1	7,53	7	0,05	2,51 +
	d e	0,66	1	15,06	8	0,12	2,58
Anticham-bre. .	e ⊙	0,33	1	7,53	7	0,05	2,63 +
Salle à man-ger. . .	e ⊙'	0,33	1	7,53	7	0,05	2,63 +
	d f	0,66	1	15,06	10	0,15	2,61
Couloir n° 1.	f ⊙	0,33	1	7,53	7	0,05	2,66 +
Couloir n° 2.	f ⊙'	0,33	1	7,53	24	0,18	2,79 +

253. Résistances de réglage. — Ce circuit ne devant être utilisé que fort rarement, il n'est pas absolument nécessaire de régulariser le voltage aux bornes des lampes. Toutefois c'est une précaution tellement facile à prendre que nous détaillons dans le tableau ci-dessous les calculs relatifs aux résistances de réglage destinées, comme celles des numéros précédents, à égaliser la perte de charge due aux différents tronçons de la ligne. Toutes les lampes en aval du bureau n'ont pas besoin de résistances de réglage, leur différence à 107 volts étant inférieure à un demi-volt.

LAMPES.	FIL OU EST LA RÉSISTANCE.	PERTES DE CHARGE depuis l'origine.	DIFFÉRENCES à 3 volts.	INTENS. TÉS du courant.	DIAMÈ·RES du ferro-nickel en millimètres.	RÉS.STANCES EN OHMS par kilomètre.	PERTES DE CHARGE PAR MÈTRE EN VOLTS			LONGUEURS du ferro-nickel en mètres
							du ferro-nickel.	du cuivre.	résultant de la substitution.	
		v	v	a	mm	ohms	v	v	v	m
Machines	a⊙	0,04	2,96	0,33	0,5	4,063	1,34	0,01	1,33	2,20
Serre. .	c⊙	1,87	1,13	0,33	0,5	4,003	1,34	0,01	1,33	0,85
Cafe.. .	c⊙	1,87	1,13	0,33	0,5	4,063	1,34	0,01	1,33	0,85

254. Diamètre des conducteurs principaux de la dynamo. — Les conducteurs principaux partant de la dynamo pour se rendre au tableau de distribution doivent livrer passage à un courant maximum de 60 ampères. Leur section, à raison de 3 ampères par millimètre carré, doit par suite avoir 20 millimètres carrés, correspondant à un fil de 4,4 millimètres de diamètre. Il est préférable d'employer un câble de cuivre tressé. Un câble de 19 torons de 1,2 millimètre, ayant une section de 21,47 millimètres carrés (n° 316), remplira le but proposé.

255. Tableau de distribution. — Le tableau de distribution, comme le montre la figure 64, met à la portée du mécanicien les interrupteurs des différents circuits ; un interrup-

teur et un coupe-circuit bipolaires sont placés sur le passage des conducteurs principaux en amont de l'interrupteur

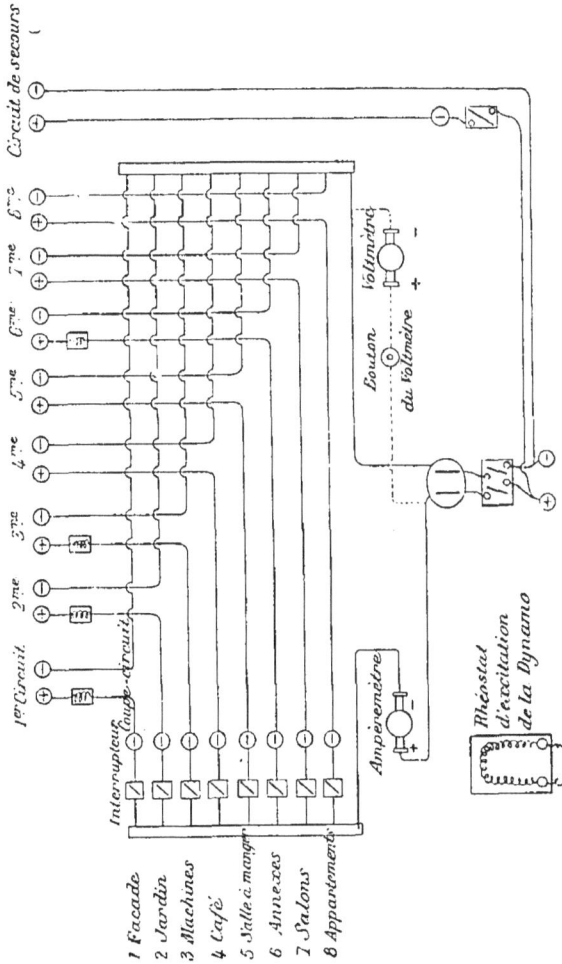

Fig. 61.

général. A gauche du tableau est placé le rhéostat d'excitation du shunt de la dynamo (n° 63). Un ampèremètre et

un voltmètre permettent le réglage du courant. L'ampèremètre, comme nous l'avons vu (n° 68), est intercalé dans le
circuit. Le voltmètre, au contraire, est mis en communication avec les conducteurs par une dérivation spéciale,
coupée par un bouton sur lequel on appuie seulement au
moment de faire une lecture.

256. Devis de l'installation. — Nous diviserons l'évaluation
du prix d'établissement de l'installation en trois parties
correspondantes, l'une à la source d'électricité, les autres
à l'éclairage à arc et à l'éclairage à incandescence, de
manière à nous permettre de nous rendre compte séparément du prix de revient des deux espèces de lumière.

257. Source d'électricité. — L'installation de la source d'é-
lectricité comprend le prix du moteur à gaz de 12 chevaux,
des transmissions et de la dynamo de 6,600 watts.

DÉTAIL DES FOURNITURES, appareils et ustensiles.	NOMBRE.	PRIX de l'unité.	DÉPENSE totale.
Moteur à gaz de 12 chevaux. . . .	1	9.000 f.	9.000 f.
Transmissions.			800
Dynamo.	1	1 600	1.600
Mise en place des machines. . . .			200
Total.			11.600

258. Installation commune aux deux éclairages. — Toute la
partie de l'installation depuis la dynamo jusqu'au tableau
de distribution est commune aux deux éclairages à arc
et à incandescence. Elle peut être évaluée de la façon suivante :

Câble de la machine de 19 torons de 1,2 millimètre (mètres). . . .	20	3f 09	62f.70
Interrupteur bipolaire de 60 ampères.	1	50	50
Coupe-circuit bipolaire de 60 am-pères.	1	20	20

DÉTAIL DES FOURNITURES, appareils et ustensiles.	NOMBRE.	PRIX de l'unité.	DÉPENSE totale.
Rhéostat d'excitation de la dynamo.	1	60	60
Ampèremètre de 60 ampères. . . .	1	100	100
Voltmètre de 120 volts.	1	60	60
Bornes.	20	1	20
Fil, barres conductrices du tableau de distribution. . . . . . '. .			10
Tableau de distribution.			100
Divers.			17,30
Total.			500

259. Eclairage à arc. — Le détail du prix de revient de l'installation des régulateurs peut être évalué approximativement de la façon suivante :

Interrupteur simple de 15 ampères.	2	8 f.	16 f.
Rhéostats.	2	20	40
Régulateurs de 30 carcels.	2	250	500
Régulateurs de 140 carcels. . . .	2	·350	700
Colonnes de 10 mètres de hauteur. .	2	250	500
Coupe-circuit simples de 5 ampères.	1	2	2
— — 20 —	1	4	4
Fil de 2, 5 millimètres sous plomb (le kilomètre).	45ᵐ	800	36
Pose de ce fil enterré (le mètre). .	45	0,50	22,50
Fil de 2, 5 millimètres recouvert, isolement fort (le kilomètre). . .	65	650	·42,25
Fil de 1, 5 millimètre recouvert, isolement moyen (le kilomètre). .	10	200	2
Fil nu de 1 millimètre (le kilogramme).	0,350	3	1,05
Isolateurs.	10	1,50	15
Pose des fils (le mètre).	120	0,25	30
Pose des lampes et accessoires. . .			50
Somme à valoir pour travaux imprévus.			39.20
Total.			2.000

260. Eclairage à incandescence. — Le détail de l'éclairage à incandescence peut être estimé comme suit :

DÉTAIL DES FOURNITURES, appareils et ustensiles.	NOMBRE.	PRIX de l'unité.	DÉPENSE totale.
Interrupteurs simples de 5 ampères.	60	3ᶠ	180ᶠ
— — 15 —	7	8	56
Coupe-circuit de 5 ampères. . . .	84	2	168
— 20 — . . .	7	4	28
Résistances fixes.	2	20	40
Lustre du café à 8 becs	1	400	400
Lustres des billards, salle à manger, salons, antichambre, à 2 becs. .	8	40	320
Lustres de la lingerie, de la cuisine, à 2 becs.	2	15	30
Appliques de la serre, de la salle à manger, du bureau, à 1 bec. .	6	15	90
Supports des autres lampes isolées.	41	5	205
Lustres de l'appartement.	3	80	240
Lampes à incandescence. . . .	84	2,50	210
Douilles des lampes à incandescence	84	2	163
Commutateurs à 2 directions et 1 touche nulle.	3	10	30
Résistances pour veilleuses. . . .	3	20	60
Fil de 3 millimètres de diamètre, isolement moyen (le kilomètre). .	40ᵐ	560	22,40
Fil de 2,5 millimètres de diamètre, isolement moyen (le kilomètre). .	30	410	12,30
Fil de 2 millimètres de diamètre, isolement moyen (le kilomètre). .	20	325	6,50
Fil de 1,5 millimètre de diamètre, isolement moyen (le kilomètre). .	220	200	44
Fil de 1 millimètre de diamètre, isolement moyen (le kilomètre). .	880	135	118,80
Fil de ferro-nickel de 0,5 à 4 millimètres de diamètre.			25
Tubes de caoutchouc pour ferro-nickel.			6
Pose des fils (le mètre).	1,250	0,20	250
Crochets émaillés (le cent). . . .	600	2	12
Pose des lampes et appareils. . . .			100
Somme à valoir pour travaux imprévus.			78
Total.			2.900
Total général pour l'installation.			17.000

261. Prix de revient du carcel-heure. — Pour évaluer le prix de revient du carcel-heure, nous affecterons aux deux espèces d'éclairage la valeur de la partie qui leur est com-

mune, proportionnellement aux intensités du courant
dépensé d'une part par les régulateurs à arc, et d'autre
part par les lampes à incandescence.

262. Frais d'installation. — Cette partie commune aux deux
éclairages comprend 11.600 francs pour les machines, plus
500 francs pour la canalisation.

Les régulateurs à arc absorbent 18,5 ampères; les lampes
à incandescence utilisent 36,28 ampères. Les sommes de
11.600 et 500 francs doivent donc être réparties de la façon
suivante :

Arc.   Incandescence.

Machines $\dfrac{11.600 \times 18,5}{54,78} = 3,918$ f $\quad \dfrac{11.600 \times 36.28}{54.78} = 7.682$ f

Canalisation $\dfrac{500 \times 18.5}{54,78} = 169$ f $\quad \dfrac{500 \times 36.28}{54,78} = 331$ f

Nous admettrons une moyenne de 2.200 heures par an
pour la durée totale de l'éclairage journalier (n° 200).

263. Frais d'entretien et de combustible. — La dépense re
lative à la marche du moteur peut être estimée ainsi qu'il
suit, pour une heure :

Gaz 12 mètres cubes à 0 f. 30.	3,60
Mécanicien et surveillance.	0,80
Graissage et eau.	0,20
Total.	4,60

Cette somme peut être répartie de la façon suivante :

Arc. $\dfrac{4.60 \times 18.5}{54,78} = 1$ f 535

Incandescence $\dfrac{4.60 \times 36.28}{54,78} = 3, 045$

264. Lampes à arc. — Le prix de revient de l'heure d'é-
clairage peut être évalué comme suit :

1° Intérêt et amortissement des machines à 15 pour 100
   sur 3.918 fr. 587,70

Intérêt et amortissement de la canalisation à
10 pour 100 sur 169.   16,90
Intérêt et amortissement de la canalisation à 10
pour 100 sur 2,000 fr. . . . .   200 »

Total pour 2,200 heures. 804.60

Soit par heure.   0,365

2° Force motrice par heure.   1,555

3° Usure des charbons. Pour les lampes de 4,5 ampères, supposons que nous utilisions des crayons de
6,5 et 10 millimètres, et que pour les régulateurs de
14 ampères, nous nous servions de crayons de 13 et
20 millimètres (n° 154). L'usure des charbons étant
en moyenne de 5 centimètres pour le positif et 3 centimètres pour le négatif par heure et par lampe, la
dépense totale relative à leur remplacement est la
suivante :

Charbons à âme de 10 millimètres : 0,10 mètre à 9,90   0,090
       —   20   —   0,10   à 2.30   0.230
Charbons homogènes de 6,5 —   0,06   à 0,50   0,030
       —   13   —   0,06   à 1,15   0.069

Total par heure.   2,339

Cette dépense de 2 fr. 339 est relative à l'éclairage de
deux régulateurs de 30 carcels et deux régulateurs de
140 carcels, soit en tout 340 carcels-heure. Le prix de
revient du carcel-heure ressort par suite à 0 fr. 0069.

265. Lampes à incandescence. — Le prix de revient d'une
heure de l'éclairage des lampes à incandescence peut être
estimé de la façon suivante :

1° Intérêt et amortissement des machines à 15 pour 100 sur
7.682. . . . .   1.152,50
Intérêt et amortissement de la canalisation à
10 pour 100 sur 331.   33,10
Intérêt et amortissement de la canalisation à
10 pour 100 sur 2.900.   290

Total pour 2.200 heures. . .   1.475.50

Soit par heure.   0,670

2° Force motrice par heure. 3,045

3° Remplacement des lampes. L'installation com-
prénd 76 lampes ; une lampe dure 1.000 heures en
moyenne. Donc, par heure, il faudra remplacer
0,076 lampe valant 2 fr. 50 pièce, soit. 0,190

Total par heure. 3,905

Cette dépense est relative à l'allumage de 56 lampes à incandescence de 16 bougies et de 20 lampes de 10 bougies, soit
1.096 bougies, représentant environ 109 carcels à raison d'un
carcel par 10 bougies (n° 119). '

Le prix de revient du carcel-heure s'élève par suite à 0,036.

266. Comparaison avec l'éclairage au gaz. — Nous avons vu
au n° 205 qu'un carcel-heure d'éclairage au gaz coûte
environ 0 fr. 037, en admettant 0 fr. 30 pour prix du mètre
cube de gaz et 105 litres à l'heure pour la consommation
d'un bec valant 1 carcel, ce qui est un minimum pour les
becs Bengel ou papillons ordinaires.

Il en résulte que le prix de l'éclairage par lampe à
incandescence, dans les conditions du problème, revient
sensiblement au même prix que l'éclairage au gaz, ce
qui est un fort joli résultat, étant données les sujétions de
l'installation.

L'éclairage par lampe à arc, à quantité totale de lumière
égale, coûte beaucoup moins cher que l'éclairage au gaz,
même par becs intensifs, puisque celui-ci, dans ce
dernier cas, revient à 0,020 par carcel-heure (n° 208). Toutefois, comme nous l'avons fait remarquer au n° 207, il
faut mettre en parallèle, non pas les deux quantités totales
de lumière émise dans l'espace, mais les résultats de
l'éclairement obtenu, d'une part avec les lampes à arc
telles qu'elles sont installées, et d'autre part avec le nombre
minimum de becs de gaz judicieusement répartis qui four-
niraient la même quantité de lumière sur la surface à
éclairer.

Dans cet exemple, cette dernière considération présente
un certain aléa : le nombre de becs de gaz à placer dans
le jardin variera essentiellement avec la disposition des
tables, sièges, etc., qu'on désire y installer. Il serait toutefois nécessaire, pour obtenir un éclairage comparable à
celui des lampes à arc, d'employer 2 becs intensifs de
30 carcels sur la façade, et au moins 4 becs intensifs de
50 carcels dans le jardin, soit en tout 260 carcels. A raison
de 0 fr. 020 par heure et par carcel, cet éclairage au gaz
coûterait 5 fr. 20 par heure, tandis que l'éclairage par régulateurs à arc ne revient qu'à 2 fr. 339. Il y a donc un
avantage réel en faveur de l'éclairage électrique.

III° EXEMPLE

ÉCLAIRAGE PAR DYNAMO ET ACCUMULATEURS.

267. Données. — Il s'agit d'éclairer l'usine représentée
figure 63, qui se compose de cinq bâtiments. Sur la façade,
le bâtiment A comprend, au rez-de-chaussée, le magasin
de vente et les bureaux, qui doivent être éclairés depuis la
tombée de la nuit jusqu'à huit heures du soir ; au premier
étage, les appartements du directeur de l'usine, et au
deuxième les logements d'employés, de garçons de magasin, etc. ; ces locaux sont également éclairés par des lampes
à incandescence. Les lampes du premier étage seront allumées au maximum depuis la tombée de la nuit jusqu'à
minuit, et celles du deuxième, au plus pendant 2 heures
par jour.

Le bâtiment B, à gauche, comprend un seul atelier où
l'on a besoin d'une bonne lumière moyenne.

Le bâtiment C, à droite, se compose du magasin de
dépôt occupant les trois quarts de sa superficie, le dernier
quart étant réservé à une halle d'expédition à l'extrémité

du bâtiment. Ces pièces n'ont besoin que d'un éclairage faible.

Le bâtiment D, au fond de la cour, se compose de deux petits ateliers à éclairer à peu près comme ceux du bâtiment B.

Ces trois bâtiments, B, C, D, doivent être éclairés par des régulateurs à arc.

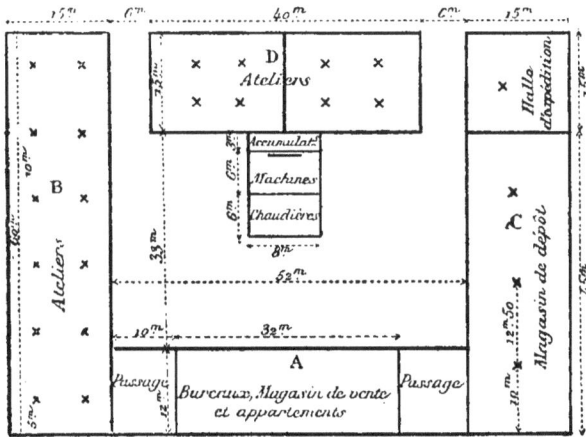

Fig 65.

Le cinquième bâtiment E, comprenant les machines, chaudières et accumulateurs, est éclairé par des lampes à incandescence, à cause de la faible dimension des pièces qui le composent.

Enfin deux lampes à arc de 30 carcels éclairent la façade du bâtiment A jusqu'à huit heures du soir; la cour est éclairée jusqu'à la même heure par un régulateur du même module.

Un circuit de secours sera installé dans les ateliers pour le cas où une avarie subite se produirait à la dynamo ou à la machine motrice pendant l'éclairage.

ÉCLAIRAGE ÉLECTRIQUE.   7**

Les ateliers sont ouverts jusqu'à 6 heures du soir.

268. Choix et disposition des lampes. — Les bâtiments B et D ayant besoin d'être assez bien éclairés, il conviendra d'employer des régulateurs d'un modèle moyen, et assez rapprochés. On obtiendra une bonne disposition en plaçant deux lignes de lampes à arc, au tiers et aux deux tiers de la largeur des salles à éclairer. Le bâtiment B ayant 60 mètres de longueur pourra comprendre 6 rangées de lampes espacées de 10 mètres, la première et la dernière étant distantes du mur de 5 mètres.

Chaque foyer éclairera dans ces conditions une surface de 75 mètres carrés. Des foyers de 50 carcels produiront un très bon éclairage moyen (n° 161).

Au bâtiment D, des foyers de 50 carcels conviendront aussi, à condition d'employer 4 lampes de 50 carcels pour chacun des deux ateliers qui le composent, et dont la surface est de 300 mètres carrés. Chaque foyer de 50 carcels éclairera par suite également 75 mètres carrés.

Quant au bâtiment C, comme il suffit pour lui d'un faible éclairage, nous emploierons 4 foyers en tout, distants de 15 mètres l'un de l'autre et de 7,50 mètres des murs. Chaque lampe éclairant 225 mètres carrés, il sera suffisant d'employer des régulateurs de 100 carcels.

La salle des chaudières, ayant 48 mètres carrés, sera suffisamment éclairée par 4 lampes de 16 bougies, ainsi que la salle des machines. Dans celle des accumulateurs, 2 lampes de 16 bougies suffiront.

Nous admettrons que le rez-de-chaussée du bâtiment A, ayant 384 mètres carrés, est éclairé par 50 lampes à incandescence de 16 bougies ; que le premier étage exige 30 lampes de 16 bougies, et le deuxième, 20 lampes du même module.

La disposition des lampes à arc des bâtiments d'exploi-

tation permet de former partout des circuits de 4 foyers ;
le bâtiment B comprendra 3 circuits ; le bâtiment D deux,
et le bâtiment C un seul ; les lampes à incandescence du
bâtiment E formeront un septième circuit sur lequel, bien
entendu, elles seront branchées en dérivation.

269. Emploi d'accumulateurs. — Les ateliers ne fonctionnant que jusqu'à six heures du soir, il est indispensable,
pour éclairer le bâtiment A après l'arrêt de la dynamo, de
recourir à l'emploi d'accumulateurs. Ces accumulateurs
seront chargés par la dynamo jusqu'à l'heure du commencement de l'éclairage des ateliers. A partir de ce moment,
les accumulateurs assureront l'éclairage du bâtiment A,
ainsi que celui de la façade et de la cour. Il ne faudrait pas
songer à éclairer le bâtiment A jusqu'à six heures, au
moyen de la dynamo, réservant les accumulateurs pour
alimenter, après six heures, les lampes qu'il contient. Nous
avons vu en effet au n° 114 que les régimes d'éclairage sont
différents lorsqu'on utilise directement une dynamo, ou
lorsqu'on passe par l'intermédiaire d'accumulateurs chargés par la même machine.

Le circuit de secours sera également alimenté par les
accumulateurs. Mais, pour les raisons qui ont été développées au n° 114, il faudra employer un circuit spécial. Les
lampes des circuits généraux fonctionneraient très mal,
ou pas du tout, si on les branchait sur les accumulateurs,
dont la force électromotrice, à la décharge, n'est en
moyenne que les $\frac{4}{5}$ de celle de la dynamo. On installera
donc pour le circuit de secours des conducteurs alimentant un petit nombre de lampes à incandescence, par
exemple quatre dans chacun des grands bâtiments B et C,
deux dans le bâtiment D et une dans chaque pièce du bâtiment E.

270. Intensité des lampes. — D'après ce que nous venons

de voir, les lampes à arc seront disposées en 6 circuits de 4 foyers. Nous savons (n° 163) que dans ces conditions la force électromotrice de la dynamo doit être de 210 volts.

Les lampes de 100 carcels demandent un courant d'une intensité de 11, 2 ampères; celles de 50 carcels, un courant de 6,9 ampères, et celles de 30 carcels, une intensité de 4, 5 ampères (n° 159).

Les lampes à incandescence du bâtiment E devront être tarées à 209 volts. Elles sont tout près de la dynamo, et la perte de charge qui résulte de leurs conducteurs est sensiblement égale à 1 volt, comme nous le verrons plus loin, lorsqu'on donne aux fils le diamètre minimum indiqué au n° 133. Comme elles doivent fournir 16 bougies, elles demanderont 56 watts à raison de 3, 5 watts par bougie (n° 126), soit 0,27 ampère pour un courant de 209 volts.

271. Détermination de la dynamo. — L'intensité totale des courants des circuits alimentant les différentes lampes est résumée ci-dessous :

Bâtiment B. 3 circuits pour régulateurs de 50 carcels, en série de 4, à 6,9 ampères : 6,9 × 3 =   20,7 ampères.

Bâtiment C. 2 circuits pour régulateurs de 50 carcels : 6,9 × 2 =.   13,8

Bâtiment D. 1 circuit pour régulateurs de 100 carcels, en série de 4, à 11,2 ampères :   11,2

Total pour les lampes à arc. . .   45,7

Bâtiment E. 1 circuit pour 10 lampes à incandescence de 16 bougies, en dérivation, à 0,27 ampère : 0,27 × 10 = ...   2,7

Intensité totale nécessaire. . .   48,4

La dynamo devra fournir un courant de 50 ampères,

sous une force électromotrice de 210 volts, correspondant à une puissance de

$$210 \times 50 = 10.500 \text{ watts,}$$

pour l'éclairage direct. Nous verrons plus loin qu'elle est
suffisante dans la journée pour la charge des accumulateurs, qui exige seulement un courant de 40 ampères
(n° 275). Cette dynamo, destinée à charger des accumulateurs, devra être excitée en dérivation (n° 56).

272. **Conducteurs alimentant les régulateurs.** — La figure
66 mentionne la longueur des conducteurs des différents
circuits relatifs aux foyers à arc. Le tableau suivant indique

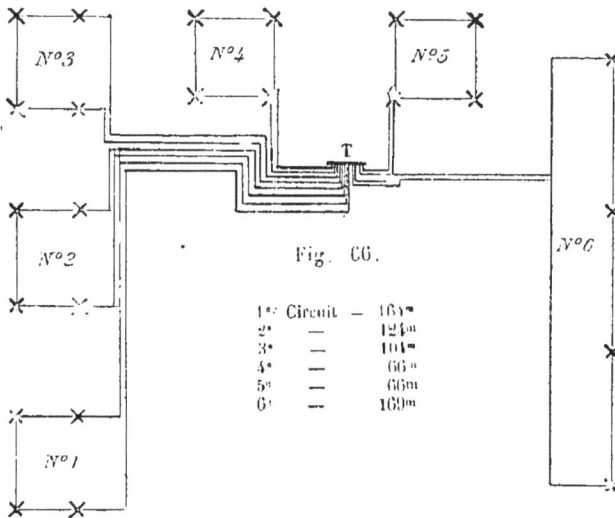

Fig. 66.

1er Circuit	—	161m
2e	—	124m
3e	—	104m
4e	—	66m
5e	—	66m
6e	—	169m

les diamètres qu'il y a lieu de leur attribuer, à raison de
3 ampères par millimètre carré (n° 133), et la perte de
charge correspondante, calculée comme dans les nombreux exemples qui en ont déjà été donnés jusqu'ici
(n°s 138, 220 et suivants).

NUMÉROS des circuits.	INTENSITÉS en ampères.	DIAMÈTRES en millimètres.	PERTES de charge par kilomètre en volts.	LONGUEURS en mètres.	PERTES de charge totales.
	a	mm	v	m	v
1	6,9	1,7	54,48	164	8,93
2	6,9	1,7	54,48	124	6,76
3	6,9	1,7	54,48	104	5,67
4	6,9	1,7	54,48	66	3,60
5	6,9	1,7	54,48	66	3,60
6	11,2	2,2	52,79	169	8,92

273. Rhéostats. — La différence de potentiel aux bornes des lampes étant de 42 volts pour chacun des régulateurs de 50 carcels, et de 47 volts pour ceux de 100 carcels, la force électromotrice nécessaire pour les cinq premiers circuits sera égale à

$$42 \times 4 = 168 \text{ volts},$$

et pour le sixième, à

$$47 \times 4 = 188 \text{ volts}.$$

La différence à 210 volts, soit 42 volts pour les cinq premiers circuits et 22 volts pour le sixième, devra être absorbée par les lignes et les rhéostats. Les diamètres des fils des rhéostats seront, d'après le numéro 315, de 2,5 millimètres pour les courants de 6,9 ampères et de 3,5 millimètres pour le courant de 11,6 ampères, si ces rhéostats sont en ferro-nickel, et si l'on tient à ce que leur température ne dépasse pas 70 degrés centigrades.

La longueur des fils à employer pour leur construction est indiquée dans le tableau suivant, établi sur les mêmes principes que ceux des numéros 137, 237 et suivants :

NUMÉROS des circuits.	PERTES de charge dans le circuit.	PERTES de charge totales à obtenir.	DIFFÉRENCES à absorber par le rhéostat.	INTENSITÉS des courants.	DIAMÈTRES du fil des rhéostats.	RÉSISTANCES par kilomètre en ohms.	PERTES de charge par mètre en ohms.	LONGUEURS du fil des rhéostats.
	v	v	v	a	mm	ohms	ohm	m
1	8,93	42	33,07	6,9	2,5	170	1,17	28,30
2	6,76	42	35,24	9,9	2,5	170	1,17	30,10
3	5,67	42	36,33	6,9	2,5	170	1,17	31,05
4	3,60	42	38,40	6,9	2,5	170	1,17	32,80
5	3,40	42	38,40	6,9	2,5	170	1,17	32,80
6	8,92	22	13,08	11,2	3,5	86	0,96	11,20

274. 7ᵐᵉ circuit. — Le septième circuit, qui comprend les lampes à incandescence du bâtiment E, est représenté figure 67. Les diamètres des conducteurs et les pertes de charge correspondantes sont indiquées au tableau ci-dessous, établi comme celui du n° 220.

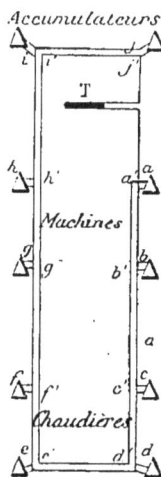

Fig. 67.

Ta = 10m	Tj' = 9ᵐ50
ab = 2m	j i' = 4m
bc = 4m	i'h' = 3ᵐ50
cd = 2m	h'g' = 2m
dc = 4m	g'f' = 4m
cf = 2m	f'c' = 2m
fg = 4m	c'd' = 4m
gh = 2m	d'c' = 2m
hi = 3ᵐ50	c'b' = 4m
ij = 4m	b''a = 2m

$$a \Lambda a' = b \Delta b' = \ldots = 4m$$

La disposition en boucle (n° 139) est tout indiquée dans ce cas d'après les emplacements qu'occupent les lampes. Il n'y a en effet aucun circuit en dérivation simple qui conduirait à une plus faible longueur de conducteurs.

LAMPES.	CONDUC-TEURS.	INTEN-SITÉS en ampères.	DIA-MÈTRES en milli-mètres.	PERTES de charge par kilomètre en volts.	LON-GUEURS en mètres.	PERTES DE CHARGE EN VOLTS	
						par-tielles.	depuis l'origine
	1er fil de la boucle.	a	mm	v	m	v	
	Ta	2,70	1,5	27,38	10	0,27	v
	ab	2,43	1,5	24,64	2	0,05	0,32
	bc	2,16	1,	49,28	4	0,20	0,52
	cd	1,89	1	43,12	2	0,09	0,61
	de	1,62	1	36,96	4	0,15	0,76
	ef	1,35	1	30,81	2	0,06	0,82
	fg	1,08	1	24,64	4	0,10	0,92
	gh	0,81	1	18,48	2	0,04	0,96
	hi	0,54	1	12,32	3,50	0,04	1
	ij	0,27	1	6,16	4	0,02	1,02
	2e fil de la boucle.						
	Tj'	2,70	1,5	27,38	9,50	0,26	0,26
	j'i'	2,43	1,5	24,64	4	0,10	0,36
	i'h'	2,16	1	49,28	3,50	0,17	0,53
	h'g'	1,89	1	43,12	2	0,09	0,62
	g'f'	1,62	1	36,96	4	0,15	0,77
	f'e'	1,35	1	30,81	2	0,06	0,83
	e'd'	1,08	1	24,64	4	0,10	0,93
	d'c'	0,81	1	18,48	2	0,04	0,97
	c'b'	0,54	1	12,32	4	0,05	1,02
	b'a	0,27	1	6,16	2	0,01	1,03
	Branche-ments.						
Machines..	o △ a'	0,27	1	6,16	4	0,02	1,32
	b △ b'	0,27	1	6,16	4	0,02	1,36
	c △ c'	0,27	1	6,16	4	0,02	1,51
Chaudiè-	d △ d'	0,27	1	6,16	4	0,02	1,56
res. .	e △ e'	0,27	1	6,16	4	0,02	1,61
	f △ f'	0,27	1	6,16	4	0,02	1,61
Machines..	g △ g'	0,27	1	6,16	4	0,02	1,56
	h △ h'	0,27	1	6,16	4	0,02	1,51
Accumula-	i △ i'	0,27	1	6,16	4	0,02	1,38
teurs. .	j △ j'	0,27	1	6,16	4	0,02	1,30

La plus forte perte de charge est de 1,429 volt ; les lampes étant tarées à 209 volts, la différence de potentiel aux bornes des lampes est inférieure de moins d'un quart pour 100 au voltage indiqué. Cette différence est inappréciable et il n'y a pas lieu de s'en préoccuper.

275. Accumulateurs. — Voyons d'abord le nombre d'accumulateurs que pourra charger la dynamo. Chaque accumulateur, une fois chargé, possède une force électromotrice de 2,45 volts (n° 90). En comptant, pour une première approximation, sur un rendement en volt de 90 pour cent, la dynamo, ayant une force électromotrice de 210 volts, pourra charger une batterie d'accumulateurs ayant une force électromotrice maxima de

$$\frac{210 \times 90}{100} = 189 \text{ volts.}$$

et composée par suite de 77 éléments, à raison de 2,45 volts par élément.

Ces 77 accumulateurs fourniront, pendant la plus grande partie de leur décharge, un courant ayant une force électromotrice égale à 2,05 volts par élément (n° 91), soit en tout

$$2,05 \times 77 = 157,85 \text{ volts.}$$

Les accumulateurs doivent alimenter :

1° 3 lampes à arc de 30 carcels, que nous placerons en série sur un seul circuit, lequel exigera, comme nous l'avons vu plus haut (n° 270), un courant de 4, 5 ampères pendant 4 heures au plus (n° 267), soit 18 ampères-heure.

2° 100 lampes à incandescence de 16 bougies. La force électromotrice moyenne de la batterie d'accumulateurs étant égale en moyenne à 157,85 volts, nous supposerons, toujours comme première approximation, que les lampes sont tarées à 150 volts. L'intensité nécessaire pour fournir 56 watts, à raison de 3,5 watts par bougie pour des lampes de 16 bougies (n° 126) est égale à

$$\frac{56}{150} = 0,38 \text{ ampère.}$$

Le nombre d'ampères-heure à fournir par la batterie d'accumulateurs sera, pour l'éclairage des lampes à incandescence, au plus égal à 182,4 ampères-heure ainsi détaillés :

(a) Rez-de-chaussée : 50 lampes brûlant pendant 4 heures au plus, à raison de 0,38 ampère-heure par lampe et par heure   76 amp.-h.

(b) 1ᵉʳ étage : 30 lampes brûlant pendant 8 heures au plus, à raison de 0,38 ampères-heure par lampe et par heure.   · 91,2

(c) 2ᵐᵉ étage : 20 lampes brûlant pendant 2 heures au plus, à raison de 0,38 ampères-heure par lampe et par heure.   15,2

Total.   182,4

En y ajoutant les 18 ampères-heure nécessaires aux foyers à arc, nous arrivons à un total de 200 ampères-heure.

Les accumulateurs ont une capacité minima de 5 ampères-heure par kilogramme de plaques (n° 85). Pour emmagasiner 200 ampères-heure, il faudra des éléments de 40 kilogs.

Ces éléments pourront alimenter sans fatigue les lampes auxquelles ils doivent fournir le courant. En admettant en effet qu'elles soient toutes allumées ensemble, elles ne dépenseraient que 4,5 ampères pour les 3 régulateurs et 38 ampères pour les 100 lampes à incandescence, soit en tout 42,5 ampères ; et nous avons vu (n° 94) que les accumulateurs débitent facilement, à la décharge, 1 à 1,5 ampère par kilogramme de plaque, soit 40 à 60 ampères pour des accumulateurs de 40 kilogs.

Les accumulateurs doivent être chargés par un courant ayant une intensité de 0,7 à 1 ampère par kilogramme de plaque, soit de 28 à 40 ampères. La dynamo remplira facilement cette condition, puisqu'elle peut produire un courant de 50 ampères. D'autre part, elle aura tout le temps voulu pour charger les éléments dans la journée, avant l'allumage des ateliers, puisque nous disposons d'au moins 8 heures pour la charge, et qu'en envoyant dans la batterie un courant de 28 à 40 ampères pendant ces 8 heures, on accumule 224 à 320 ampères-heure, qui peuvent rendre à la décharge 179 à 256 ampères-heure, en admettant un rendement de 80 pour cent (n° 94).

Voyons quelles seront les conditions de réglage des rhéostats au commencement et à la fin de la charge de la batterie.

Au commencement de la charge, supposons que la batterie soit complètement déchargée à 1,9 volt par élément (n° 91), soit 146,3 volts.

La résistance intérieure des accumulateurs est égale à

$$\rho = \frac{0,08}{P} \text{ (n° 86)}$$

Pour des éléments de 40 kilogs, cette résistance sera de 0,002 ohm par accumulateur, soit 0,154 ohm pour 77 éléments.

Le câble qui conduit le courant de 40 ampères du tableau de distribution aux accumulateurs doit avoir une section maxima de 13,3 millimètres carrés, à raison de 3 ampères par millimètre carré. Choisissons un câble de 7 torons de 1,6 millimètre ayant une section de 12,07 millimètres carrés, et une résistance de 1,34 ohm par kilomètre (n° 316). Supposons qu'il ait une longueur de 20 mètres pour les deux conducteurs positif et négatif. Sa résistance totale est de 0,027 ohm.

L'équation de la charge, établie au n° 93, est la suivante :

$$E - ne = i\,(r + n\,\rho)$$

Si nous remplaçons les lettres par des nombres, nous obtenons, en admettant que le courant de charge soit fixé à 40 ampères au début de la charge :

$$210 - 77 \times 1,9 = 40\,(r + 77 \times 0,002)$$

d'où $\qquad r = 1,438$ ohm.

La résistance du câble étant égale à 0,027 ohm, le rhéostat devra présenter une résistance de 1,411 ohm.

A la fin de la charge, en admettant que l'intensité du courant soit réduite à 30 ampères, l'équation devient :

$$210 - 77 \times 2,45 = 30\,(r + 77 \times 0,002)$$

d'où $\qquad r = 0,557$ ohm.

La résistance du rhéostat devra être réduite à 0,530 ohm.

276. Nombre et poids des éléments. — Ces conditions sont admissibles, mais la dernière équation montre qu'on utiliserait mieux la dynamo en prenant une batterie de 83 accumulateurs. La dynamo pourrait en effet charger 83 éléments dans les conditions d'installation qui viennent d'être décrites. A la fin de la charge, où la force électromotrice nécessaire est la plus élevée, l'équation de la charge montre en effet que pour 83 éléments la force électromotrice aux bornes de la dynamo doit être égale à

$$E = 83 \times 2,45 + 30\,(0,027 + 83 \times 0,002) = 209,16 \text{ volts};$$

la dynamo est donc suffisante pour charger la batterie, puisqu'elle produit 210 volts.

Nous constituerons donc la batterie au moyen de 80 éléments en tension, auxquels nous ajouterons 3 accumulateurs de secours (n° 102).

En recommençant les calculs précédents, nous verrions que les 80 éléments doivent être de 40 kilogrammes (poids des plaques). La tension de la batterie, pendant la plus grande partie de la décharge, sera égale à

$$2,05 \times 80 = 164 \text{ volts.}$$

277. Lampes alimentées par la batterie. — Les lampes du bâtiment A devront être tarées à 160 volts, en admettant une perte en ligne de 4 volts ; pour avoir une intensité lumineuse de 16 bougies, correspondant à 56 watts, il sera nécessaire d'employer un courant ayant, pour chaque lampe, une intensité de

$$I = \frac{W}{E} = \frac{56}{160} = 0,35 \text{ ampère.}$$

La plus grande intensité du courant de décharge, néces_saire aux lampes à incandescence, sera égale à 35 ampères pour 100 lampes. En y ajoutant les 4,5 ampères nécessaires aux régulateurs, nous voyons que la batterie devra fournir un courant ayant une intensité maxima de 39,5 ampères.

La quantité d'électricité à emmagasiner est détaillée de la façon suivante :

1° Lampes à arc. — 4,5 ampères pendant 4 h.   18 amp.-h. au maximum.

2° Lampes à incandescence :

Rez-de-ch. — 50 lampes à	0,35 amp. pendant 4 h.	70	—
1er Etage 30 —	0,35 —	8 h.	84	—
2° Etage 20 —	0,35	—	2 h.	14	—
Total		186 amp.-h.

278. Charge de la batterie. — La batterie, composée d'éléments de 40 kilogs, sera chargée par un courant de 40 ampères-heure, qu'on abaissera graduellement vers la fin de la charge (n° 90). En prenant un chiffre moyen de 80 pour 100 pour le rendement des accumulateurs en inten-

sité, la quantité d'ampères-heure qu'il sera nécessaire
d'envoyer dans la batterie sera égale à

$$\frac{186 \times 100}{80} = 233 \text{ ampères-heure.}$$

Le courant de charge ayant en moyenne une intensité
de 37 ampères, il sera nécessaire de charger la batterie
pendant :

$$\frac{233}{37} = 6 \text{ heures } 20 \text{ minutes.}$$

279. Rhéostat de ligne. — Au commencement de la charge,
c'est-à-dire au moment où le courant à envoyer dans la
batterie nécessite l'introduction de la résistance la plus
grande, comme le montrent les deux égalités du n° 275,
cette résistance est déterminée d'après la formule suivante, lorsqu'on charge 80 éléments par un courant de 40
ampères :

$$210 - 80 \times 1,9 = 40 \ (r + 80 \times 0,002),$$

d'où $r = 1,29$ ohm. Il suffit par suite d'employer un rhéostat variable de 0 à 2 ohms.

280. Circuit du bâtiment A. — Le courant est amené de la
salle des accumulateurs au bâtiment A par un câble sous
plomb, enterré. Il aboutit à un tableau de distribution d'où
l'on dessert les différents circuits partiels par la manœuvre d'interrupteurs disposés comme nous l'avons vu dans
les exemples précédents.

281. Câble d'amenée. — Le câble qui conduit le courant
des accumulateurs au bâtiment A a une longueur de 90
mètres (aller et retour). Il livre passage à un courant de 35
ampères, et devrait par suite avoir une section minima de
11,66 millimètres carrés, à raison de 3 ampères par millimètre carré, si l'on ne tenait compte que de son échauffement (n° 103). Un câble de 7 torons de 1,5 millimètre de

diamètre, ayant une section de 12,36 millimètres carrés
(n° 316), remplirait cette condition. Sa résistance kilométrique étant de 1,45 ohm, il conduirait à une perte de
charge de

$$1,45 \times 0,090 \times 35 = 4,57 \text{ volt},$$

supérieure à la perte de 4 volts qui a été admise (n° 277).
Il y a lieu par suite d'augmenter sa section.

Nous adopterons un câble de 19 torons de 1,4 millimètre
de diamètre, ayant une section de 29,26 millimètres carrés
et une résistance de 0,61 ohm par kilomètre, provoquant
une perte de charge de

$$0,61 \times 0,090 \times 35 = 1,92 \text{ volts}.$$

282. Circuits des lampes à incandescence. — Cette perte de
charge est admissible. On calculera les circuits spéciaux
relatifs aux lampes à incandescence des appartements et
du magasin de manière à obtenir une perte de charge de
2 volts environ, de sorte que la perte totale sera égale à 4
volts. Ce calcul se fera comme les précédents (n° 215 et suivants); nous n'y reviendrons pas.

Pour faire entrer en ligne de compte, dans le devis, cette
partie de l'installation, nous supposerons que l'appareillage qui lui est relatif est proportionnel à celui des exemples précédents. Il comprendra approximativement, outre
les 100 lampes et douilles :

    80 interrupteurs et coupe-circuit de 5 ampères.
     3 interrupteurs et coupe-circuit de 15 ampères.
    50 mètres de fil de 3 millimètres de diamètre.
    50   —   2
  250   —   1,50
1.000   —   1
    50 mètres de ferro-nickel de 1 millimètre de diamètre, isolé.
  800 crochets.
    3 commutateurs à 2 directions et 1 touche nulle.
    3 résistances fixes pour veilleuse.
    Lustres, supports de lampes, etc. pour 1.500 francs.

283. Circuit des lampes à arc. — Les trois lampes à arc des façades et de la cour seront disposées en série sur un même fil représenté figure 68, enterré dans la traversée de la cour. Il doit livrer passage à un courant de 4,5 ampères, et par suite avoir une section de 1,5 millimètre carré à raison de 3 ampères par millimètre carré Un fil de 1,4

Circuit des lampes à arc alimentées par les accumulateurs.

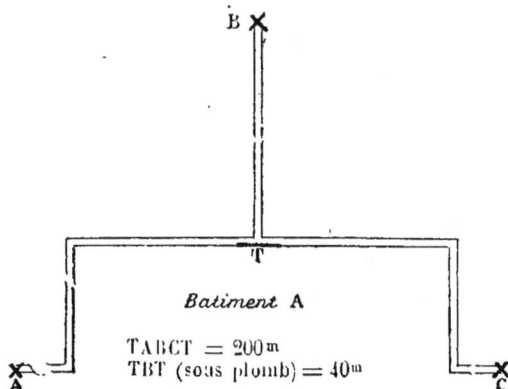

Fig. 68.

millimètre, ayant une section de 1,54 millimètre carré, sera suffisant. La perte de charge qui résulte du passage d'un courant de 4,5 ampères dans un pareil fil est égale à 52,38 volts par kilomètre, soit à 10,48 volts pour une longueur de 200 mètres.

Les trois lampes à arc sont supposées réglées pour une différence de potentiel de 40 volts aux bornes des régulateurs (n° 158). Comme elles sont disposées en série, le courant total devra avoir une force électromotrice de 120 volts.

284. Rhéostat de réglage. — La force électromotrice aux

bornes de la batterie d'accumulateurs est égale à 164 volts
pendant la plus grande partie de la décharge, à raison de
2,5 volts par élément pour 80 éléments ; les foyers à arc
absorbent 120 volts, le câble d'amenée 1,92 volt, et le fil
du circuit des lampes, 10,48 volts, soit en tout 132,40 volts.
La différence, soit 31,60 volts, devra être absorbée par le
rhéostat de réglage. Le courant ayant une intensité de
4,5 ampères, la résistance du rhéostat devra être égale à

$$R = \frac{E}{I} = \frac{31,60}{4,5} = 7,02 \text{ ohms.}$$

Un rhéostat de 0 à 8 ohms conviendra par suite pour ce
circuit.

285. Circuit de secours. — Le circuit de secours est dérivé

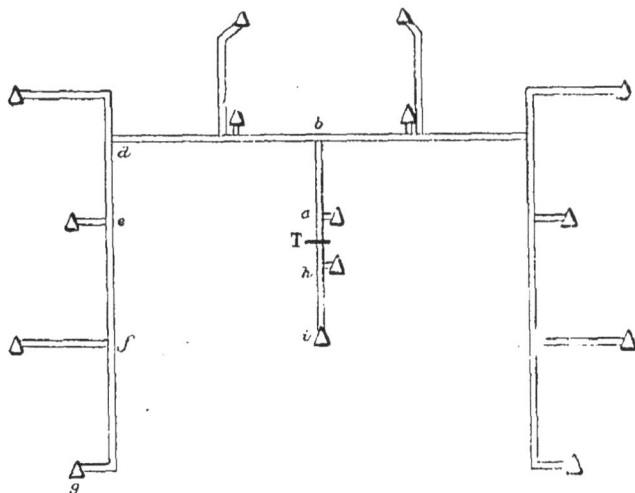

Fig. 69.

Ta $=$ 6m	a△ $=$ 6m	ab $=$ 3m
cb $=$ 14m	{ c△ $=$ 8m / c△ $=$ 38m	cd $=$ 22m d△ $=$ 14m
de $=$ 18m	e△ $=$ 8m	ef $=$ 24m f△ $=$ 38m
fg $=$ 24m	g△ $=$ 8m	Th $=$ 2m h△ $=$ 6m
hi $=$ 12m	i△ $=$ 6m	

sur les accumulateurs. De cette façon, il permettra d'éviter l'obscurité absolue dans les ateliers, en cas d'arrêt forcé de la dynamo ou de la machine motrice. Il pourra comprendre, par exemple, quatre lampes à incandescence de 16 bougies dans chacun des grands ateliers des bâtiments B, C et dans le bâtiment D, et une lampe dans chacune des petites salles du bâtiment E, soit 15 lampes en tout, comme l'indique la figure 69, sur laquelle on voit que les lampes sont disposées en dérivation simple. Les diamètres des fils, ainsi que la perte de charge relative à la lampe la plus éloignée, sont indiqués au tableau suivant, dans lequel on admet que l'intensité d'une lampe est égale à 0,35 ampère, comme pour celles du bâtiment A qui sont alimentées par les mêmes accumulateurs (n° 277).

LAMPES.	CONDUC- TEURS.	INTEN- SITÉS en ampères.	DIA- MÈTRES en milli- mètres.	PERTES de charge par kilo- mètre en volts.	LON- GUEURS en mètres.	PERTES DE CHARGE EN VOLTS	
						par- tielles.	depuis l'origine.
		a	mm		m	v	v
	Ta	4,55	1,4	529 6	6	0,32	
	ab	4,20	1,4	48,89	3	0,15	0,47
	bc	2,10	1	47,91	14	0,67	1,14
	cd	1,40	1	31,95	22	0,70	1,84
	de	1,05	1	23,96	18	0,43	2,27
	ef	0,70	1	15,97	24	0,38	2,65
	fg	0,35	1	7,99	24	0,19	2,84
Bâtiment B	gΔ	0,35	1	7,99	8	0,06	2,90

La batterie d'accumulateurs ayant à la décharge une force électromotrice moyenne de 164 volts, on pourra prendre des lampes tarées à 160 volts pour ce circuit de secours, comme pour le bâtiment A, sans se préoccuper de la différence de 2 ou 3 volts qui peut exister entre la différence de potentiel nominale des lampes et le voltage du courant. Elles sont en effet utilisées très rarement et durent plusieurs années. Il n'y a pas grand inconvénient à en

forcer légèrement l'allure. Si l'on tenait toutefois à supprimer cet écart, il serait facile d'intercaler dans le circuit des
petites résistances de réglage déterminées comme celles
des nombreux exemples que nous avons donnés.

286. Tableau de distribution de la dynamo. — Le tableau de

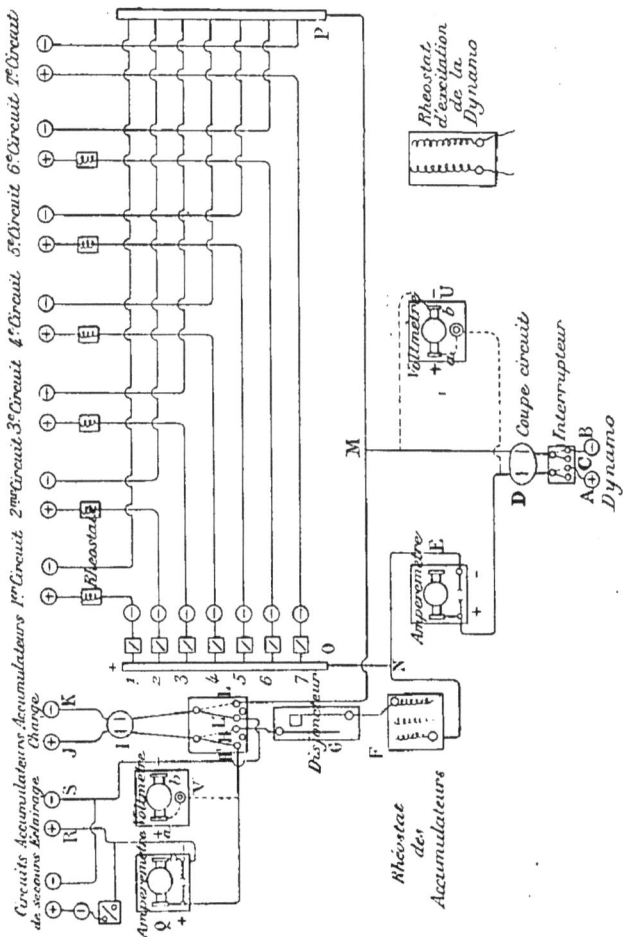

Fig. 70.

distribution de la dynamo, représenté figure 70, permet,

par la manœuvre des différents commutateurs, soit d'é-
clairer directement les ateliers, soit de charger les accumulateurs, soit d'éclairer le bâtiment A au moyen des accumulateurs, pendant ou après l'éclairage des ateliers.

Après avoir traversé l'interrupteur général et le coupe-
circuit bipolaires, les fils se divisent en deux branchements,
celui de droite destiné à l'éclairage des 7 circuits des ateliers, celui de gauche à la charge des accumulateurs. Le
fil négatif est continu, sauf aux interrupteurs et coupe-
circuit bipolaires. Tous les organes accessoires sont placés
sur le fil positif. La disposition relative aux circuits d'é-
clairage des ateliers est analogue à celle du tableau de
distribution de l'exemple précédent. Un interrupteur et un
coupe-circuit spéciaux desservent chaque circuit.

Le fil positif des accumulateurs, après avoir traversé
leur rhéostat spécial F et leur disjoncteur automatique G
(nᵒ 174), passe par un commutateur H et un coupe-circuit I
bipolaires. Quand les branches du commutateur ont la position figurée en pointillé sur le dessin, les accumulateurs
se chargent ; au contraire, quand elles suivent la direction
des traits pleins, les accumulateurs se déchargent dans le
circuit d'éclairage du bâtiment A ou dans le circuit de
secours, qui est en général fermé par un interrupteur
spécial.

Pendant la charge de la batterie d'accumulateurs, le courant suit le chemin A C D E F G H I J K L M B.

Pendant l'éclairage direct, il suit la ligne A C D E N O,
circuit, P M B.

Enfin le courant d'éclairage par les accumulateurs traverse le circuit J I H' Q R S L' K.

Afin d'utiliser un seul ampèremètre et un seul voltmètre
pour la lecture de l'intensité et de la force électromotrice
du courant d'éclairage, de charge et de décharge des accumulateurs, on pourrait employer un jeu de commutateurs

joints à une disposition de fils assez compliquée. La fig. 70
indique une autre solution.

L'ampèremètre et le voltmètre sont mobiles et peuvent
être placés sur des petites planchettes de bois ; deux de ces
planchettes, E, U, sont relatives à la charge, et deux, Q, V,
à la décharge. Le voltmètre n'est pas intercalé dans le

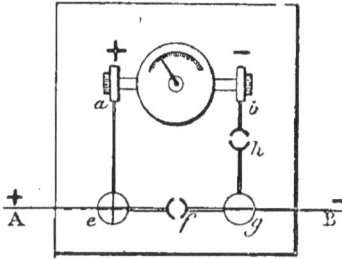

Fig. 71.

circuit, comme nous l'a-
vons vu au n° 68. Pour
faire une lecture, on
pousse le bouton placé au
bas des planchettes ; les
fils de prise de courant
communiquent avec ce
bouton et avec deux pe-
tites potences fixes a, b,
sur lesquelles on serre
fortement les bornes du voltmètre pour établir un bon
contact chaque fois qu'on le change de place.

L'ampèremètre, au contraire, doit être intercalé dans le
circuit lorsqu'on fait une lecture. Pour cela, on le place
également entre deux petites potences a b fixées à la planchette (fig. 71). Deux bornes e, g, vissées sur cette planchette, sont reliées aux potences par trois barrettes con-
ductrices a e, e g, g b ; les deux dernières sont fendues au
milieu en f et h, et une cheville conductrice est susceptible
d'établir la communication entre les deux portions des barrettes, comme dans les boîtes de résistance. Si l'on veut
lire l'intensité du courant de charge, on met l'ampèremètre
sur la planchette E (fig. 70), et la clef en h (fig. 71)·
Le courant suit le chemin A e a h g B, et l'aiguille de l'appareil indique l'intensité cherchée. Si au contraire on veut
lire l'intensité du courant de décharge, on porte l'ampèremètre sur la planchette Q ; mais il faut avoir soin d'enlever
la clef du trou h et de la mettre en f. Sur la planchette E,

8*

le courant suit alors le chemin direct, d'une borne à l'autre, sans passer par les potences de l'ampèremètre Les changements de clefs se font à la fois sur les deux planchettes, mais en sens inverse.

Ce petit dispositif, très commode, évite l'achat de plusieurs ampèremètres et voltmètres, quand on a des lectures à faire en plusieurs endroits.

Indépendamment de ces différents organes, le tableau de distribution porte le rhéostat d'excitation de la dynamo.

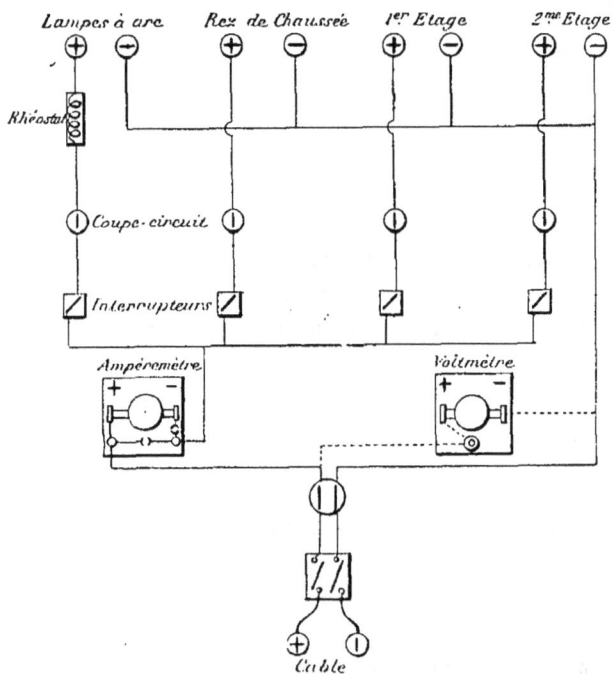

Fig. 72.

287. Conducteurs principaux de la dynamo. — Les conduc-

teurs principaux de la dynamo au tableau de distribution.
destinés à laisser passer un courant de 50 ampères, devront
avoir une section de 16,66 millimètres carrés à raison de 3
ampères par millimètre carré. Un câble de 7 torons de 1,8
millimètre de diamètre, ayant une section de 17,78 millimètres carrés, remplira les conditions voulues.

288. Tableau du bâtiment A. — Le tableau du bâtiment A
ne présente rien de particulier. Il est dessiné figure 72. Des
planchettes analogues aux précédentes permettent d'y
placer l'ampèremètre et le voltmètre en cas de besoin.

289. Devis de l'installation. — Nous évaluerons séparément la valeur des différentes parties de l'installation relatives aux divers modes d'éclairage, pour nous rendre
compte du prix de revient du carcel-heure fourni par les
lampes à arc et les lampes à incandescence, dans les deux
cas de l'éclairage direct et de l'emploi des accumulateurs.

290. Dynamo. — L'installation de la dynamo peut être
évaluée ainsi qu'il suit :

DÉTAIL DES FOURNITURES, appareils et ustensiles.	NOMBRE.	PRIX de l'unité.	DÉPENSE totale.
Dynamo de 10.500 watts.	1	2.200 f.	2.200 f.
Transmissions, pose.			200
Total.			2.4000 »

291. Appareillage commun à toute l'installation. — Toute
la partie de l'installation, depuis la dynamo jusqu'aux branchements du tableau de distribution, est commune aux différentes espèces d'éclairage. Sa valeur peut être estimée
de la façon suivante : ,

DÉTAIL DES FOURNITURES, appareils et ustensiles.	NOMBRE.	PRIX de l'unité.	DÉPENSE tot.le.
Conducteurs principaux (le kilomètre).	10ᵐ	1.850 f.	15 f. 80
Interrupteur bipolaire de 50 ampères.	1	30	30 »
Coupe-circuit — —	1	12	12 »
Ampèremètre.	1	50	50 »
Voltmètre.	1	60	60 »
Rhéostat d'excitation de la dynamo.	1	60	60 »
Barres, fils du tableau de distribution.			10 »
Planchettes d'ampèremètre et de voltmètre.	4	15	60 . »
Bornes.	22	1	22 »
Tableau de distribution.	1	120	120 »
Divers.			20,20
Total.			460 »

292. Eclairage direct à arc. — L'installation des régulateurs directement alimentés par la dynamo peut être ainsi détaillée :

Interrupteurs de 15 ampères. . . .	6	8 f.	48 f.
Coupe-circuit — . . .	6	4	24 »
Rhéostats de réglage.	6	20	120 »
Régulateurs de 50 carcels.	20	260	5.200 »
Régulateurs de 100 carcels. . . .	4	300	1.200 »
Fil de 2.2 millimètres, isolement moyen (le kilomètre).	170ᵐ	400	68 »
Fil de 1.7 millimètre, isolement moyen (le kilomètre). . . .	530ᵐ	260	137,80
Pose du fil (le mètre).	700ᵐ	0,25	175 »
Crochets (le cent).	300	2	6 »
Pose des lampes et accessoires. .			100 »
Somme à valoir pour travaux imprévus.			221,20
Total.			7.300 f.

293. Eclairage direct à incandescence. — Les lampes à incandescence alimentées directement par la dynamo conduisent à la dépense suivante :

Interrupteur de 15 ampères. . . .	1	8 f.	8 f.
Coupe-circuit —	1	4	4 »
Interrupteur de 5 ampères. . . .	10	3	30 »
Coupe-circuit —	10	2	20 »

DÉTAIL DES FOURNITURES, appareils et ustensiles.	NOMBRE.	PRIX de l'unité.	DÉPENSE totale.
Lampes à incandescence.	10	3	30 »
Supports des lampes.	10	10	100 »
Bouilles.	10	2	20 »
Fil de 1,5 millimètre, isolement moyen (le kilomètre).	30ᵐ	200	6 »
Fil de 1 millimètre, isolement moyen (le kilomètre).	90ᵐ	135	12,15
Pose des fils (le mètre).	120ᵐ	0,20	24 »
Crochets (le cent).	50	2	1 »
Somme à valoir pour imprévu. . .			4,85
Total.			260 »

294. Circuit de secours. — Le prix de l'installation du circuit de secours est détaillé ci-dessous.

Interrupteur de 5 ampères. . . .	1	3 f.	3 f.
Coupe-circuit — . . .	1	2	2 »
Lampes à incandescence.	15	3	45 »
Douilles.	15	2	30 »
Supports de lampes.	25	5	75 »
Fil de 1,4 millimètre, isolement moyen le kilomètre).	10ᵐ	200	2 »
Fil de 1 millimètre, isolement moyen (le kilomètre).	530ᵐ	135	71,55
Pose des fils (le mètre).	540ᵐ	0,20	108 »
Crochets (le cent).	200	2	4 »
Somme à valoir pour imprévu. . . .			9,45
Total.			350 »

295. Accumulateurs. — Le prix d'achat et d'installation des accumulateurs conduit à la dépense suivante :

Accumulateurs de 40 kilogs. . . .	83	85 f.	7,055 f
Supports et acide.	83	5	415 »
Mise en place et montage.			100 »
Somme à valoir pour imprévu. . .			280 »
Total.			7,850 »

296 Appareillage et tableau de distribution des accumulateurs. — L'appareillage spécial aux accumulateurs dans la canalisation générale, et le tableau de distribution du bâtiment A, destiné à distribuer la lumière entre les différents circuits alimentés par les accumulateurs, peuvent être estimés ainsi qu'il suit :

DÉTAIL DES FOURNITURES, appareils et ustensiles.	NOMBRE.	PRIX de l'unité.	DÉPENSE totale.
Rhéostat.	1	40 f.	40 f.
Disjoncteur automatique.	1	60	60 »
Commutateur bipolaire de 30 ampères, à 2 directions.	1	35	35 »
Coupe-circuit bipolaire de 30 ampères.	1	12	12 »
Câble conducteur de 12,36 millimètres carrés, isolement moyen (le kilom.).	20ᵐ	1.230	24,60
Pose de ce câble. . . (le mètre)	20ᵐ	0,25	5 »
Câble de 12,36 millimètres carrés, sous plomb. . . (le kilomètre).	90ᵐ	2.680	241,20
Pose de ce câble. . . (le mètre).	90ᵐ	0,50	45 »
Planchettes d'ampèremètre. . . .	2	15	30 »
Interrupteur bipolaire de 30 ampères.	1	30	30 »
Coupe-circuit — --	1	12	12 »
Bornes de contact.	10	1	10 »
Fil et divers.			5 »
Tableau de distribution.			40 »
Somme à valoir pour imprévu. . .			20 20
Total.			610 »

297. Régulateurs des cours. — La valeur du prix d'acquisition et de la pose du circuit des régulateurs des cours est détaillée ci-dessous :

Interrupteur de 15 ampères. . . .	1	8 f.	8 »
Coupe-circuit — . . . s	1	4	4 »
Rhéostat de réglage.	1	20	20 »
Régulateurs à arc de 30 carcels. .	3	250	750 »
Fil de 1,4 millimètre de diamètre, sous plomb · . . (le kilomètre)	40ᵐ	480	19 20
Fil de 1,4 millimètre, isolement moyen. . . . (le kilomètre)	160ᵐ	200	32 »
Pose de ces fils. . . (le mètre).	200ᵐ	0,20	40 »
Pose des lampes et accessoires. . .			30 »
Crochet. . . . . . . (le cent).	50	2	1 »
Somme à valoir pour imprévu. . .			15 80
Total.			920 »

298 Lampes à incandescence du bâtiment A. — L'achat et l'installation des lampes à incandescence du bâtiment A peuvent être évalués comme suit :

DÉTAIL DES FOURNITURES, appareils et ustensiles.	NOMBRE.	PRIX de l'unité.	DÉPENSE totale.
Interrupteurs de 15 ampères. . .	3	8 f.	24 f.
Coupe-circuit. — . . .	3	4	12 »
Lampes à incandescence.	100	3	300 »
Douilles.	100	2	200 »
Interrupteurs de 5 ampères. . . .	80	3	240 »
Coupe-circuit —	80	2	160 »
Fil de 3 mill. de diam. isol. moy. (le kil.)	50ᵐ	560	28 »
Fil de 2 —	50ᵐ	410	20 50
Fil de 1,5 —	250ᵐ	200	50 »
Fil de 1 —	1.000ᵐ	135	135 »
Fil de ferro-nickel. —	50	40	2 »
Tube de caoutchouc pour ce fil. . .	»		5 »
Crochets . . . . (le cent)	800ᵐ	2	16 »
Pose des fils. . . . . (le mètre).	1.400ᵐ	0,20	280 »
Lustres, supports, appliques, etc. .			1.500 »
Commutateur à 2 directions et 1 touche nulle.	3	10	30 »
Résistances fixes pour veilleuse. . .	3	20	60 »
Pose des lampes et appareils. . .			150 »
Somme à valoir pour imprévu. . .			137 50
Total.			3.350 »
Total général de l'installation.			23.500 »

299. Répartition des dépenses. — Nous allons évaluer séparément le prix de revient du carcel-heure produit par les lampes à arc et à incandescence, alimentées directement par la dynamo ou les accumulateurs. Dans cette estimation, nous répartirons la dépense commune à toute l'installation, proportionnellement à l'intensité totale du courant des lampes qui composent chacun des quatre groupes qu'on peut ainsi déterminer. Quant à la dépense relative à l'installation spéciale des accumulateurs, elle sera répartie proportionnellement aux nombres d'ampères-heure dépensés par les lampes à arc et à incandescence.

Premier groupe : Régulateurs-Dynamo . — Les lampes à arc
alimentées par la dynamo absorbent un courant ayant une
intensité totale de 45,7 ampères (n° 271) ; elles brûlent jusqu'à 6 heures du soir, soit 380 heures par an (n° 200).

Deuxième groupe : Incandescence-Dynamo. — Les lampes à
incandescence alimentées par la dynamo absorbent un
courant de 2, 7 ampères et brûlent également 380 heures
par an.

Le pouvoir éclairant des lampes alimentées directement
par la dynamo peut être évalué ainsi qu'il suit :

20 régulateurs de 50 carcels.	1.000 carcels.
4 — 100 —	400 —
10 lampes à incandescence de 16 bougies, soit	
160 bougies ou.	16 —
Total.	1.416 carcels.

Troisième groupe : Régulateurs-accumulateurs. — Les lampes à arc alimentées par les accumulateurs absorbent 4, 5
ampères (n° 277) et brûlent jusqu'à 8 heures du soir, soit
740 heures par an. Elles produisent dans l'année une
intensité lumineuse égale à

$$3 \times 30 \times 740 = 66.600 \text{ carcels-heure.}$$

Quatrième groupe : Incandescence-accumulateurs. — Les
lampes à incandescence alimentées par les accumulateurs
absorbent 35 ampères (n° 277). Sur les 100 lampes, les 50 du
rez-de-chaussée brûlent jusqu'à 8 heures du soir, soit 740
heures pour l'année, et demandent 17,5 ampères ; 30 lampes
du 1er étage, exigeant 10,5 ampères, sont allumées jusqu'à
minuit au maximum, mais en moyenne jusqu'à 10 heures,
soit pendant 1 460 heures pour l'année ; enfin, les 20
lampes du 2me étage, absorbant 7 ampères, éclairent en
moyenne pendant 2 heures par jour, soit 730 heures pour
l'année.

L'intensité lumineuse totale produite dans l'année par les lampes à incandescence de ce circuit peut être ainsi détaillée :

Rez-de-chaussée, 50 lampes de 16 bou-
gies pendant 740 heures. . . . . .   592.000 bougies-heures.
1er étage, 30 lampes de 16 bougies
pendant 1.460 heures. . . . . .   700.800   —
2e étage, 20 lampes de 16 bougies
pendant 730 heures. . . . . . .   233.600   —

Total. . . . . . 1.526.400 bougies-heure.

Soit environ 152.640 carcels-heure (n° 119).

300. Partie commune à toute l'installation. — La dépense commune à l'installation se compose des éléments désignés ci-après :

Dynamo. . . . .   2.400 fr.
Appareillage.   460
Total. . . . .   2.860 fr.

La répartition de cette dépense entre les quatre groupes, proportionnellement à l'intensité absorbée par chacun d'eux, donne les résultats suivants :

Dynamo.

1er groupe. Régulateurs-dynamo.   . . . $\frac{2400 \times 45.7}{87.9} = 1.248$ fr.

2e groupe. Incandescence-dynamo.   . . $\frac{2400 \times 2.7}{87.9} =$ 74

3e groupe. Régulateurs-accumulateurs. . $\frac{2400 \times 4.5}{88.9} =$ 123

4e groupe. Incandescence-accumulateurs. $\frac{2400 \times 35}{87.6} =$ 955

Appareillage.

1er groupe. Régulateurs-dynamo.   . . . $\frac{460 \times 45.7}{87.9} =$ 239 fr.

2e groupe. Incandescence-dynamo.   . . $\frac{460 \times 2.7}{87.9} =$ 14

3e groupe. Régulateurs-accumulateurs. . $\frac{460 \times 1.5}{87.9} =$ 24

4e groupe. Incandescence-accumulateurs. $\frac{460 \times 35}{87.9} =$ 183

301. Circuit de secours. — Le circuit de secours n'étant utilisé que pour les bâtiments d'exploitation, la dépense correspondante à son installation, soit 350 francs, sera répartie entre les deux premiers groupes.

1er groupe. Régulateurs-dynamo. . . $\dfrac{350 \times 45,7}{48,4} = 330$ fr.

2e — Incandescence-dynamo. . $\dfrac{350 \times 2,7}{48,4} = 20$ fr.

302. Accumulateurs. — Le nombre d'ampères-heure utilisé pour le groupe Régulateurs-accumulateurs est égal à

$$4,5 \times 740 = 3.330 \text{ ampères-heure par an.}$$

Le nombre d'ampères-heure absorbé par l'éclairage à incandescence est évalué comme suit :

Rez-de-chaussée 17,5 $\times$ 740 = 12.950 ampères-heure.
1er étage   10,5 $\times$ 1.460 = 15.330   —
2e étage   7 $\times$ 730 = 5.110   —

Total. . . . . .   33.390 ampères-heure par an.

Le nombre d'ampères-heure total fourni par les accumulateurs est par suite égal à 36.720 pour l'année. La dépense relative à l'installation de la batterie, soit 7 850 fr., se répartit ainsi qu'il suit :

3e gr. Régulateurs-accumulateurs. $\dfrac{7.850 \times 3.330}{36.720} = 712$ fr.

4e — Incandesc.-accumulateurs. . $\dfrac{7.850 \times 33.390}{36.720} = 7.138$ fr.

303. Accessoires des accumulateurs. — La dépense de 610 fr. relative à l'appareillage et au tableau de distribution des accumulateurs se répartit de la façon suivante :

3e groupe. Régulateurs-accumulateurs. $\dfrac{610 \times 3.330}{36.720} = 55$ fr.

4e — Incandesc.-accumulateurs. . $\dfrac{610 \times 33.390}{36.720} = 555$ fr.

304. Force motrice. — La dynamo étant de 10.500 watts,

lorsqu'elle travaille à peu près à son maximum pour l'éclairage du soir, elle produit un travail dont l'expression est donnée par la formule du n° 31 :

$$T = \frac{EI}{g \times 75} = \frac{10.500}{9,808 \times 75} = 14,28 \text{ chevaux-vapeur.}$$

En prenant le taux de 80 pour cent pour le rendement de la dynamo, le travail emprunté aux transmissions de l'usine est égal à

$$\frac{14,28 \times 100}{80} = 17,85 \text{ chevaux-vapeur.}$$

Ces 17,85 chevaux doivent être répartis proportionnellement aux intensités des courants parcourant les circuits des lampes à arc et à incandescence, c'est-à-dire de la façon suivante :

1er gr. Régulateurs-dynamo. $\dfrac{17,85 \times 45,7}{48,4} = 16,85$ chev. vap.

2e — Incandesc.-dynamo. . $\dfrac{17,85 \times \ 2,7}{48,4} = \ \ 1$ chev.-vap.

Pour la charge des accumulateurs, la dynamo ne travaille pas à son maximum, puisqu'elle produit un courant d'intensité variant entre 30 et 40 ampères-heure. Il faut donc établir par un autre procédé la quantité de travail qu'il est nécessaire de demander à cette machine, pour produire l'éclairage réel.

Nous avons vu (n° 277) que lorsque les accumulateurs produisaient le travail maximum, il fallait emmagasiner 136 ampères-heure pour faire brûler :

1° Les 3 régulateurs de 30 carcels pendant 4 heures, correspondant à une quantité de lumière de $30 \times 3 \times 4 =$ . . . . 360 carcels-heure.

2° 50 lampes de 16 bougies pendant 4 heures, soit $4 \times 50 \times 16 = 3\,200$ bougies-heure ou environ. 320   —   —

3° 30 lampes de 16 bougies pendant 8 heures, soit 8 × 30 × 16 = 3.840 bougies-heure
ou. . . . .   384 carcels-heure.

4° 20 lampes de 16 bougies pendant 2 heu-
res, soit 2 × 20 × 16 = 640 bougies-heure ou.   64   —   —

Soit en tout. . . . . . . 1,128 carcels-heure.

Les 186 ampères-heure nécessaires à la production de
ces 1.128 carcels-heure correspondent à la décharge des
accumulateurs ; mais, pour les charger, il faudra leur fournir 233 ampères-heure (n° 278). La dynamo, pour fournir
les 1.128 carcels-heure, devra donc produire un travail de

$$233 \times 210 = 48\ 930 \text{ watts-heure,}$$

puisqu'elle fonctionne à 210 volts ; ce travail, évalué en
chevaux-vapeur, correspond à

$$T = \frac{EI}{75\,g} = \frac{48.930}{9{,}808 \times 75} = 66{,}52 \text{ chevaux-heure.}$$

En adoptant le chiffre de 80 pour 100 pour le rendement
de la dynamo, elle devra emprunter aux transmissions de
l'usine un travail égal à

$$\frac{66.52 \times 100}{80} = 83{,}15 \text{ chevaux-heure.}$$

Cette force motrice sera répartie entre les circuits des
lampes à arc et à incandescence, proportionnellement aux
nombres d'ampères utilisés par chacun d'eux, savoir :

Régulateurs-accumulateurs.

360 carcels heure absorbant 18 ampères-heure (n° 276),

$$\frac{83{,}15 \times 18}{186} = 8{,}05 \text{ chevaux-heure.}$$

Incandescence-accumulateurs.

768 carcels-heure absorbant 168 ampères-heure,

$$\frac{83.15 \times 168}{185} = 75{,}10 \text{ chevaux-heure.}$$

Le carcel-heure correspond par suite, pour chaque espèce d'éclairage, au travail suivant :

Régul.-accumul. : $\dfrac{8.05}{360} = 0,0224$ cheval-h par carcel-h.

Incand.-accumul. : $\dfrac{75,10}{768} = 0,0978$ cheval-h. par carcel-h.

Nous avons établi ce calcul pour le cas du travail maximum des accumulateurs. En été, la batterie emmagasine
et restitue une moins grande quantité d'électricité, mais
son rendement est à peu près le même (n° 95). Les chiffres
que nous indiquons correspondent par suite à la consommation de force motrice maxima par carcel-heure produit.

305. Prix de revient du carcel-heure. — Le prix de revient
du carcel-heure peut être évalué de la façon suivante
pour les quatre groupes que nous avons considérés. Nous
admettrons que le cheval-heure, pris sur les transmissions
de l'usine, revient à 0 fr. 20.

306. 1ᵉʳ Groupe. Régulateurs-Dynamo. — **1° Frais annuels :**

Intérêt et amortissement de la dynamo, à raison de
15 pour 100 sur 1248 fr. 187 20
Intérêt et amortissement des accessoires généraux, à
raison de 10 pour 100 sur 239 fr. 23 90
Intérêt et amortissement de l'appareillage du circuit
de secours, à raison de 10 pour 100 sur 330 fr. . . . 33 »
Intérêt et amortissement du circuit des régulateurs,
à raison de 10 pour 100 sur 7.300 fr. . . . . . . 730 »
                                                        ‾‾‾‾‾‾
Total pour 380 heures. 974 10

Soit par heure. 2 563
2° Force motrice par heure :
16,85 chevaux à 0 fr. 20 par heure. 3 370
3° Usure des charbons.

Pour les 20 lampes de 6,9 ampères, nous emploierons
des crayons positifs de 12 millimètres et des négatifs de

8 millimètres ; pour les 4 régulateurs de 11,6 ampères, nous nous servirons de crayons de 18 et 12 millimètres. Admettons que l'usure des charbons positifs soit de 5 centimètres et celle des négatifs, 3 centimètres par heure, comme dans les exemples précédents :

Charbons à mèche de 12 millim. —	1 mètre	à 1 fr. 15.		1	150
— — 18 —	0,20 —	à 1 fr. 99.		0	380
— homogènes 8 —	0,60 —	à 0 fr. 60.		0	360
— — 12 —	0,12 —	à 1 fr. 05.		0	126
Total par heure.				7	949

Cette dépense correspond à la production d'une intensité lumineuse de 1.400 carcels-heure. Le carcel-heure revient par suite à

$$\frac{7,949}{1400} = 0\,\text{fr. } 0057.$$

307. 2ᵐᵉ Groupe. Incandescence-Dynamo. — **1°** Frais annuels :

Intérêt et amortissement de la dynamo, à raison de 15 pour 100 sur 74 fr.	11	10
Intérêt et amortissement des accessoires généraux, à raison de 10 pour 100 sur 14 fr.	1	40
Intérêt et amortissement de l'appareillage du circuit de secours, à raison de 10 pour 100 sur 20 fr. . . .	2	»
Intérêt et amortissement du circuit des lampes à incandescence alimentées par la dynamo, à raison de 10 pour 100 sur 260 fr.	26	»
Total pour 380 heures.	40	50
Soit par heure.	0	108

2° Force motrice par heure :

1 cheval-heure à 0 fr. 20.	0	20

3° Remplacement des lampes :

En admettant une durée de 1.000 heures par lampe, le circuit comprenant 10 lampes, l'usure correspondante à une heure sera égale à 0,010 lampe à 3 fr., soit. 0 030

Total par heure.	0	338

Cette dépense correspond à la production de 16 carcels-heure. Le carcel-heure revient par suite à

$$\frac{0.338}{16} = 0 \text{ fr. } 021.$$

308. 3ᵐᵉ Groupe. Régulateurs-accumulateurs. — 1° Frais annuels.

Intérêt et amortissement de la dynamo, à raison de
15 pour 100 sur 123 fr. 18 45
Intérêt et amortissement des accessoires généraux,
à raison de 10 pour 100 sur 24 fr. 2 40
Intérêt et amortissement des accumulateurs, à raison
de 20 pour 100 sur 712 fr. 142 40
Intérêt et amortissement des accessoires des accumulateurs, à raison de 10 pour 100 sur 55 fr. 5 50
Intérêt et amortissement du circuit des régulateurs
alimentés par les accumulateurs, à raison de 10 pour
100 sur 920 fr. . . . . 92 »

Total pour 66.600 carcels-heure. 260 75

Soit par carcel-heure. 0 004
2° Force motrice par heure et par carcel :
0,0224 cheval-heure à 0 fr. 20. 0,004
3° Usure des charbons.

Pour les 3 lampes de 4,5 ampères, nous emploierons des charbons positifs à mèche de 10 millimètres et des crayons négatifs homogènes de 6,5 millimètres :

Charb. à mèche de 10 mill., 0,15 m. à 0 fr. 90 = 0,135.
— homogènes de 6,5 — 0,09 m. à 0 fr. 50 = 0,045.

Total pour 90 carcels-heure. . . . 0,180.
Soit par carcel-heure. 0,002
Prix de revient total du carcel-heure. 0,010

309. 4ᵐᵉ Groupe. Incandescence-accumulateurs. — 1° Frais annuels.

Intérêt et amortissement de la dynamo, à raison de
15 pour 100 sur 955 fr. 143 25

Intérêt et amortissement des accessoires généraux, à
raison de 10 pour 100 sur 183 fr. . . . .　18 30
　　　Intérêt et amortissement des accumulateurs, à raison
de 20 pour 100 sur 7.138 fr. 1.427 60
　　　Intérêt et amortissement des accessoires des accumulateurs, à raison de 10 pour 100 sur 555 fr. . . . .　55 50
　　　Intérêt et amortissement de la canalisation proprement dite, à raison de 10 pour 100 sur 3.350 fr. . .　335 »

　　　　　Total pour 152.640 carcels-heure　. . . .1.979 65

Soit par carcel-heure. . . . .　0 013
2º Force motrice :
0,0978 cheval-vapeur à 0 fr. 20. . . . .　0 020
3º Remplacement des lampes :
Une lampe donnant 1,6 carcel brûle 1 000 heures.
Donc, par carcel-heure, il faut $\frac{1}{1,600}$ = 0,0006 lampe
à 3 fr., soit. . . . .　0,002

Prix de revient total par carcel-heure. . . . . .　0,035

310. Comparaison avec l'éclairage au gaz. — En résumé, le
prix de revient du carcel-heure dans les quatre cas que
nous avons examinés varie entre 0 fr. 0057 et 0 fr. 035.

Dans l'éclairage au gaz, lorsque le gaz est payé 0 fr. 30
le mètre cube, le carcel-heure de lumière revient au mini·
mum à 0 fr. 037, comme nous l'avons vu (nᵒˢ 205 et 228) ;
mais ce prix n'est immédiatement comparable qu'à celui
de la lumière à incandescence. Pour le mettre en parallèle
avec celui des lampes à arc, il faut tenir compte de l'excès
de lumière qu'on est obligé de diffuser dans l'atmosphère
pour produire un même éclairage local aux points où l'on
veut travailler (nº 207). Le minimum du prix de revient du
carcel-heure dans l'éclairage au gaz par becs intensifs, soit
0 fr. 020, est encore de beaucoup supérieur à celui que
nous avons obtenu dans cet exemple pour l'éclairage par
lampes à arc.

311. Conclusion. — Dans les trois applications qui viennent

d'être développées en détail, nous avons indiqué la mar‑
che à suivre pour mettre en pratique les règles contenues
dans les premiers chapitres de cet ouvrage. Ces exemples
renferment les principes de la solution des problèmes qui
se présentent habituellement dans la pratique pour de
petites installations isolées, les seules que nous ayons
eues en vue.

En s'appliquant à suivre attentivement les détails men‑
tionnés dans le courant du présent manuel, tant au point
de vue de l'aménagement proprement dit des installations
qu'à celui des soins et précautions à prendre pour la bonne
marche des divers appareils, tout industriel pourra instal‑
ler dans son établissement la lumière électrique, avec la
certitude d'obtenir d'excellents résultats.

312. Tableau des carrés des 100 premiers nombres, des circon‑
férences et des surfaces des cercles ayant pour diamètres
de 1 à 100.

n	n^2	πn	$\dfrac{\pi n^2}{4}$	n	n^2	πn	$\dfrac{\pi n^2}{4}$
1	1	3,14	0,79	21	441	65,97	346,36
2	4	6,28	3,14	22	484	69,12	380,13
3	9	9,42	7,07	23	529	72,26	415,48
4	16	12,57	12,57	24	576	75,40	452,39
5	25	15,71	19,63	25	625	78,54	490,87
6	36	18,85	28,27	26	676	81,68	530,93
7	49	21,99	38,48	27	729	84,82	572,56
8	64	25,13	50,27	28	784	87,96	615,75
9	81	28,27	63,62	29	841	91,11	660,52
10	100	31,42	78,54	30	900	94,25	706,86
11	121	34,56	95,03	31	961	97,39	754,77
12	144	37,70	113,10	32	1,024	100,53	804,25
13	169	40,84	132,73	33	1,089	103,67	855,30
14	196	43,98	153,94	34	1,156	106,81	907,92
15	225	47,12	176,71	35	1,225	109,96	962,11
16	256	50,27	201,06	36	1,296	113,10	1,017,88
17	289	53,41	226,98	37	1,369	116,24	1,075,21
18	324	56,55	254,47	38	1,444	119,38	1,134,11
19	361	59,69	283,53	39	1,521	122,52	1,194,59
20	400	62,83	314,16	40	1,600	125,66	1,256,64

n	n^2	πn	$\dfrac{\pi n^2}{4}$	n	n^2	πn	$\dfrac{\pi n^2}{4}$
41	1,681	128,80	1,320,25	71	5,041	223,05	3,959,19
42	1,764	131,95	1,385,44	72	5,184	226,19	4,071,50
43	1,849	135,09	1,452,20	73	5,329	229,34	4,185,39
44	1,936	138,23	1,520,53	74	5,476	232,48	4,300,84
45	2,025	141,37	1,590,43	75	5,625	235,62	4,417,86
46	2,116	144,51	1,661,90	76	5,776	238,76	4,536,46
47	2,209	147,65	1,734,94	77	5,929	241,90	4,656,63
48	2,304	150,80	1,809,56	78	6,084	245,04	4,778,36
49	2,401	153,94	1,885,74	79	6,241	248,19	4,901,67
50	2,500	157,08	1,963,50	80	6,400	251,33	5,026,55
51	2,601	160,22	2,042,82	81	6,561	254,47	5,153,00
52	2,704	163,36	2,123,72	82	6,724	257,61	5,281,02
53	2,809	166,50	2,206,18	83	6,889	260,75	5,410,61
54	2,916	169,65	2,290,22	84	7,056	263,89	5,541,77
55	3,025	172,79	2,375,83	85	7,225	267,03	5,674,50
56	3,136	175,93	2,463,01	86	7,396	270,18	5,808,80
57	3,249	179,07	2,551,76	87	7,569	273,32	5,944,68
58	3,364	182,21	2,642,08	88	7,744	276,46	6,082,12
59	3,481	185,35	2,733,97	89	7,921	279,60	6,221,14
60	3,600	188,50	2,827,43	90	8,100	282,74	6,361,73
61	3,721	191,64	2,922,47	91	8,281	285,88	6,503,88
62	3,844	194,78	3,019,07	92	8,464	289,03	6,647,61
63	3,969	197,92	3,117,25	93	8,649	292,17	6,792,91
64	4,096	201,06	3,216,99	94	8,836	295,31	6,939,78
65	4,225	204,20	3,318,31	95	9,025	298,45	7,088,22
66	4,356	207,34	3,421,19	96	9,216	301,59	7,238,23
67	4,489	210,49	3,525,65	97	9,409	304,73	7,389,81
68	4,624	213,63	3,631,68	98	9,604	307,88	7,542,96
69	4,761	216,77	3,739,28	99	9,801	311,02	7,697,69
70	4,900	219,91	3,848,45	100	10,000	314,16	7,853,98

313. Tableau des pertes de charge en volts dues au passage d'un courant d'intensité i ampères, à la température ordinaire, dans un kilomètre de fil de cuivre commercial de diamètre d millimètres.

D^mm	I = 1 AMP.	I = 2ª	I = 3ª	I = 4ª	I = 5ª	I = 6ª	I = 7ª	I = 8ª	I = 9ª	I = 10ª
0,5	91,27	182,53	273,80	365,06	456,33	547,59	633,86	730,12	821,39	912,66
0,6	63,38	126,76	190,14	253,52	316,90	380,27	443,65	507,03	570,41	633,79
0,7	46,36	93,13	139,69	186,26	232,82	279,38	325,95	372,51	419,08	465,64
0,8	35,65	71,30	106,96	142,61	178,26	213,91	249,56	285,22	320,87	356,52
0,9	28,47	56,34	84,50	112,67	140,84	169,01	197,18	225,34	253,51	281,68
1,	22,82	45,63	68,45	91,26	114,08	136,90	159,71	182,53	205,34	228,46
1,1	18,86	37,72	56,57	75,43	94,29	113,14	132,00	150,86	169,71	188,57
1,2	15,85	31,69	47,54	63,38	79,23	95,07	110,92	126,76	142,61	158,45
1,3	13,50	27,00	40,50	51,00	67,51	81,01	94,51	108,01	121,51	135,01
1,4	11,64	23,28	34,92	46,56	58,21	69,95	81,49	93,13	104,77	116,41
1,5	10,14	20,28	30,42	40,56	50,71	60,85	70,99	81,13	91,27	101,41
1,6	8,91	17,83	26,74	35,65	44,57	53,48	62,39	71,30	80,22	89,13
1,7	7,89	15,79	23,69	31,58	39,48	47,37	55,27	63,16	71,06	78,95
1,8	7,01	14,02	21,03	28,04	35,05	42,06	49,07	56,08	63,07	70,10
1,9	6,32	12,64	18,96	25,28	31,60	37,92	44,24	50,56	56,88	63,20
2,	5,70	11,41	17,11	22,92	28,52	34,22	39,93	45,63	54,34	57,04
2,1	5,17	10,35	15,52	20,70	25,87	31,04	36,22	41,39	46,57	51,74
2,2	4,71	9,43	14,14	18,86	23,57	28,28	33,00	37,71	42,43	47,14
2,3	4,31	8,63	12,94	17,25	21,57	25,88	30,19	34,50	38,82	43,13
2,4	3,96	7,92	11,88	15,84	19,81	23,77	27,73	31,69	35,65	39,61
2,5	3,63	7,30	10,95	14,60	18,26	21,91	25,56	29,21	32,96	36,51
2,6	3,33	6,75	10,13	13,50	16,88	20,25	23,63	27,00	30,38	33,75

Dmm	I=1 AMP.	I=2a	I=3a	I=4a	I=5a	I=6a	I=7a	I=8a	I=9a	I=10a
2,7	3,13	6,26	9,39	12,52	15,65	18,78	21,91	25,04	28,17	31,30
2,8	2,91	5,82	8,73	11,64	14,55	17,46	20,37	23,28	26,19	29,10
2,9	2,71	5,43	8,14	10,85	13,57	16,28	18,99	21,70	24,42	27,13
3,	2,54	5,07	7,61	10,14	12,68	15,21	17,75	20,28	22,82	25,35
3,1	2,37	4,75	7,42	9,50	11,87	14,24	16,62	18,99	21,37	23,74
3,2	2,23	4,46	6,69	8,92	11,15	13,37	15,60	17,83	20,06	22,29
3,3	2,10	4,19	6,29	8,38	10,48	12,57	14,67	16,76	18,86	20,95
3,4	1,97	3,95	5,92	7,90	9,87	11,84	13,82	15,79	17,77	19,74
3,5	1,86	3,73	5,59	7,45	9,32	11,18	13,04	14,90	16,77	18,63
3,6	1,76	3,52	5,28	7,04	8,81	10,57	12,33	14,09	15,85	17,61
3,7	1,67	3,33	5,00	6,67	8,33	10,00	11,67	13,33	15,00	16,67
3,8	1,58	3,16	4,74	6,32	7,90	9,48	11,06	12,64	14,22	15,80
3,9	1,50	3,00	4,50	6,00	7,50	9,00	10,50	12,00	13,50	15,00
4,	1,43	2,95	4,28	5,70	7,13	8,56	9,98	11,41	12,83	14,26
4,1	1,36	2,71	4,07	5,43	6,79	8,14	9,50	10,86	12,21	13,57
4,2	1,29	2,59	3,88	5,17	6,47	7,76	9,05	10,34	11,64	12,93
4,3	1,23	2,47	3,70	4,94	6,17	7,40	8,64	9,87	11,11	12,34
4,4	1,18	2,36	3,54	4,72	5,90	7,07	8,25	9,43	10,61	11,79
4,5	1,13	2,25	3,38	4,51	5,64	6,76	7,89	9,02	10,14	11,27
4,6	1,08	2,16	3,23	4,31	5,39	6,47	7,55	8,62	9,70	10,78
4,7	1,03	2,07	3,10	4,13	5,17	6,20	7,23	8,27	9,30	10,33
4,8	0,99	1,98	2,97	3,96	4,95	5,94	6,93	7,92	8,91	9,90
4,9	0,95	1,90	2,85	3,80	4,75	5,70	6,65	7,60	8,55	9,50
5,	0,91	1,83	2,74	3,65	4,57	5,48	6,39	7,30	8,22	9,13

314. Tableau des diamètres des fils de ferro-nickel à employer pour résistances, leur température ne dépassant pas de 16° la température ambiante.

DIAMÈTRES en millimètres.	INTENSITÉ MAXIMA du courant en ampères.	RÉSISTANCE KILOMÉTRIQUE EN OHMS	
		à 0° centigrade.	à 20°.
mm	a	ohms	ohms
0,5	0,6	3,989	4,063
1	1,4	997	1,015
1,5	2,2	443	451
2	2,9	249	254
2,5	3,7	160	163
3	4,5	111	113
3,5	5,4	81	83
4	6,3	62	63
4,5	7,2	49	50
5	8,1	40	41

315. Tableau des diamètres des fils de ferro-nickel à employer pour rhéostats, leur température ne dépassant pas de 60° la température ambiante.

DIAMÈTRES en millimètres.	INTENSITÉ MAXIMA du courant en ampères.	RÉSISTANCE KILOMÉTRIQUE EN OHMS	
		à 0° centigrade.	à 70°.
mm	a	ohms	ohms
0,5	1,5	3,989	4,240
1	3	997	1,060
1,5	4,7	443	472
2	6,4	249	265
2,5	8,2	160	170
3	10	111	118
3,5	12	81	86
4	14	62	66
4,5	16,1	49	52
5	18,2	40	42

316. Tableau des dimensions courantes des câbles, résistances et intensités maxima du courant correspondantes.

NOMBRE le fils du toron.	DIAMÈTRE des fils en millimètres.	SECTION en millimètre carré.	RÉSISTANCE par kilomètre en ohms.	INTENSITÉ MAXIMA du courant en ampères (câbles isolés).
	mm	mm	ohms	a
7	0,7	2,69	6,63	8
7	0,8	3,51	5,11	11
7	0,9	4,45	4,04	13
7	1	5,49	3,27	16
7	1,14	7,14	2,52	20
7	1,2	7,91	2,27	23
7	1,3	9,28	1,93	27
7	1,4	10,77	1,67	31
7	1,5	12,36	1,45	35
7	1,6	14,07	1,34	40
7	1,7	15,89	1,13	45
7	1,8	17,78	1,01	49
19	1,14	19,38	0,93	53
19	1,2	21,47	0,84	57
19	1,3	25,03	0,71	62
19	1,4	29,26	0,61	66
19	1,5	33,44	0,535	72
19	1 6	38,19	0,471	81
19	1,7	43,13	0,417	90
19	1,8	48,26	0,372	98
37	1,4	56,98	0,315	112
37	1,5	65,12	0,275	130
37	1,6	74,37	0,242	141
37	1,8	93,98	0,190	152
37	2	116,18	0,155	167

TABLE DES MATIÈRES

DEUXIÈME PARTIE

MACHINES DYNAMO-ÉLECTRIQUES

TROISIÈME PARTIE

ACCUMULATEURS

QUATRIÈME PARTIE

DISTRIBUTION DE L'ÉLECTRICITÉ POUR L'ÉCLAIRAGE.

CHAPITRE I. — PHOTOMÉTRIE.

CHAPITRE II. — ECLAIRAGE PAR LAMPES A INCANDESCENCE.

CINQUIÈME PARTIE

DISPOSITIONS GÉNÉRALES DES CANALISATIONS.

SIXIÈME PARTIE

PRIX DE L'ÉCLAIRAGE ÉLECTRIQUE.

SEPTIÈME PARTIE

EXEMPLES PRATIQUES D'INSTALLATION.

1er EXEMPLE. — ECLAIRAGE PROVENANT D'UNE USINE CENTRALE.

2° EXEMPLE. — ECLAIRAGE DIRECT PAR DYNAMO.

POITIERS. — TYPOGRAPHIE OUDIN ET Cie.

CATALOGUE

DES

OUVRAGES D'ÉLECTRICITÉ

PUBLIÉS PAR

La Librairie Polytechnique BAUDRY & Cie

15, Rue des Saints-Pères, à Paris

Le Catalogue complet est envoyé franco *sur demande*

Traité d'électricité et de magnétisme.

Traité d'électricité et de magnétisme. Théorie et applications, instruments et méthodes de mesure électrique. Cours professé à l'école supérieure de télégraphie, par A. VASCHY, ingénieur des télégraphes, examinateur d'entrée à l'École polytechnique 2 volumes grand in-8° avec de nombreuses figures dans le texte. . . . . 25 .

Traité pratique d'électricité.

Traité pratique d'électricité à l'usage des ingénieurs et constructeurs. Théorie mécanique du magnétisme et de l'électricité. mesures électriques, piles, accumulateurs et machines électrostatiques. machines dynamo-électriques génératrices, transport, distribution et transformation de l'énergie électrique, utilisation de l'énergie électrique, par FÉLIX LUCAS, ingénieur en chef des ponts et chaussées. administrateur des chemins de fer de l'Etat, 1 volume grand in-8° avec 278 figures dans le texte. . 15 fr.

Electricité industrielle.

Traité pratique d'électricité industrielle. Unités et mesures; piles et machines électriques ; éclairage électrique ; transmission électrique de la force; galvanoplastie et électro-métallurgie ; téléphonie, par E. CADIAT et L. DUBOST. 4e édition. 1 volume grand in-8°, avec 257 gravures dans le texte, relié . . . . 16 fr. 50

Manuel pratique de l'électricien.

Manuel pratique de l'électricien. Guide pour le montage et l'entretien des installations électriques, par E. CADIAT. 1 volume in-12 avec de nombreuses, figures dans le texte, relié. . . . . 7 fr. 50

Electricité industrielle.

Electricité industrielle. Production et applications. Induction électromagnétique : méthodes de mesure ; étude théorique et expérimentale des machines électriques ; piles ; canalisation électrique ; application à l'électrolyse, à la métallurgie, au transport de la force et à la production de la lumière ; distribution de l'énergie électrique. Cours professé à l'Ecole centrale des arts et manufactures, par D. MONNIER, ingénieur. 1 volume grand in-8°, avec 388 figures dans le texte. . . . . 20 fr.

L'Electricité dans l'industrie.

L'électricité dans l'industrie. Rapport présenté à l'Association des anciens élèves des écoles supérieures de commerce et d'industrie de Rouen, par RAOUL LEMOINE, ingénieur. 1 volume in-8° avec de nombreuses gravures dans le texte. 6 fr.

L'Année électrique.

L'année électrique, ou Exposé annuel des travaux scientifiques, des inventions et des principales applications de l'électricité à l'industrie et aux arts, par PH. DELAHAYE. 1 volume in-12 par année. Prix de chaque volume :
3 fr. 50

La 1re année a paru en 1885.

Pile électrique.

Traité élémentaire de la pile électrique, par ALFRED NIAUDET, 3e édition, revue par HIPPOLYTE FONTAINE, et suivie d'une notice sur les accumulateurs, par E. HOSPITALIER. 1 volume grand in-8°, avec gravures dans le texte :
7 fr. 50

Electrolyse.

Electrolyse ; renseignements pratiques sur le nickelage, le cuivrage, la dorure, l'argenture, l'affinage des métaux et le traitement des minerais au moyen de l'électricité, par HIPPOLYTE FONTAINE. 2° édition. 1 volume grand in-8°, avec gravures dans le texte, relié. . . . . . . 15 fr.

Electrolyse.

Etude sur le raffinage électrolytique du cuivre noir, par HUGON. 1 brochure grand in-8°. . . . . 1 fr. 50

Machines dynamo-électriques.

Traité théorique et pratique des machines dynamo-électriques, par R. V. PICOU, ingénieur des arts et manufactures. 1 volume grand in-8°, avec 198 figures dans le texte. . . . . 12 fr. 50

Les Moteurs électriques à champ magnétique tournant

Les moteurs électriques à champ magnétique tournant, par R. V. PICOU. *Supplément au Traité des machines dynamo-électriques du même auteur.* 1 brochure grand in-8° avec figures dans le texte. . . . . 1 fr. 50

Machines dynamo-électriques.

Traité théorique et pratique des machines dynamo-électriques, par SILVANUS THOMPSON, traduit par E. BOISTEL. 1 volume grand in-8° avec 246 gravures dans le texte (*Epuisé*. — Une 2ᵉ édition est en préparation.)

Machines dynamo-électriques.

La machine dynamo-électrique, par FROELICH, traduit de l'allemand par E. BOISTEL. 1 volume grand in-8°, avec 62 figures dans le texte. 10 fr.

Eclairage à l'électricité.

Eclairage à l'électricité. Renseignements pratiques, par HIPPOLYTE FONTAINE, 3° édition entièrement refondue, 1 volume grand in-8°, avec 326 figures dans le texte . . . . 16 fr.

Eclairage électrique.

Eclairage électrique de l'Exposition universelle de 1889. Monographie des travaux exécutés par le syndicat international des électriciens, par HIPPOLYTE FONTAINE. 1 volume in-4 avec 29 planches tirées à part et 32 gravures dans le texte, relié. . . . . 25 fr.

Eclairage électrique.

Etude pratique sur l'éclairage électrique des gares de chemins de fer, ports, usines, chantiers et établissement industriel, par GEORGES DUMONT, avec la collaboration de GUSTAVE BAIGNIERES. 1 vol. gr. in-8° avec deux planches. . . . . 5 fr.

Electricité.

Manuel élémentaire d'électricité, par FLEEMING JENKIN, professeur à l'Université d'Edimbourg; traduit de l'anglais par N. DE TÉDESCO. 1 volume in-12, avec 32 gravures. . . . . 2· fr.

Electricité.

Traité général des applications de l'électricité, par GLOESENER. Tome 1ᵉʳ, 1 volume grand in-8°, contenant 17 planches. . . . . . . 15 fr.

Les courants alternatifs d'électricité.

Les courants alternatifs d'électricité, par T. H. BLAKESLEY, professeur au Royal Naval College de Greenwich, traduit de la 3ᵉ édition anglaise et augmenté d'un appendice, par W. C. RECHNIEWSKI. 1 volume in-12 avec figures dans le texte, relié. . . . . 7 fr. 50

Problèmes sur l'électricité.

Problèmes sur l'électricité. Recueil gradué comprenant toutes les parties de la science électrique, par le Dᵗ ROBERT WEBER, professeur à l'Académie de Neufchâtel. 2° édition. 1 volume in-12 avec figures dans le texte . . . . 6 fr.

Chemin de fer électrique.

Chemin de fer électrique des boulevards, à Paris, par CHRÉTIEN. 1 brochure in-4° avec gravures . . . . 2 fr.

Traction électrique.

Etude sur la traction électrique des trains de chemins de fer, par H. BONNEAU, ingénieur des ponts et chaussées, sous-chef de l'exploitation des chemins de fer P.-L.-M. et E. DESROZIERS, ingénieur civil des mines. 1 brochure grand in-8°, avec figures dans le texte. . . . . . . 1 fr.

Navigation électrique.

La navigation électrique, par GEORGES DARY. 1 volume in-12, avec 18 figures. . . . . 1 fr. 50

Transmissions électriques.

Transmissions électriques, renseignements pratiques, par. H. FONTAINE. 1 volume grand in-8°, avec gravures. . . . . 3 fr.

Accumulateurs électriques.

Recherches théoriques et pratiques sur les accumulateurs électriques, par RENÉ TAMINE. 1 volume grand in-8°, avec gravures dans le texte. 7 fr. 50

L'Accumulateur voltaïque.

Traité élémentaire de l'accumulateur voltaïque, par EMILE REYNIER. 1 volume grand in-8° avec 62 gravures dans le texte et un portrait de Gaston Planté. . . . . 6 fr.

Les Voltamètres-régulateurs.

Les voltamètres-régulateurs zinc-plomb. Renseignements pratiques sur l'emploi de ces appareils, leur combinaison avec les dynamos et les circuits d'éclairage. par EMILE REYNIER. 1 brochure in-8° avec gravures et schémas d'installation. . . . . 1 fr. 25

Le Téléphone.

Le Téléphone, par WILLIAM-HENRI PREECE, électricien en chef du *British Post-Office*, et JULIUS MAIER, docteur ès sciences physiques. 1 volume grand in-8° avec 290 gravures dans le texte. . . . . 15 fr.

Télégraphie sous-marine.

Traité de télégraphie sous-marine. — Historique. — Composition et fabrication des câbles télégraphiques. — Immersion et réparation des câbles sous-marins. — Essais électriques. — Recherche des défauts. — Transmission des signaux. — Exploitation des lignes sous-marines, par WUNSCHENDORFF, ingénieur des télégraphes. 1 volume grand in-8°, avec 469 gravures dans le texte . . . . 40 fr.

Tirage des mines par l'électricité.

Le tirage des mines par l'électricité, par PAUL-F. CHALON, ingénieur des arts et manufactures. 1 volume in-18 jésus, avec 90 figures dans le texte. Prix, relié. . . . . 7 fr. 50

www.ingramcontent.com/pod-product-compliance
Lightning Source LLC
Chambersburg PA
CBHW070236200326
41518CB00010B/1588